PRACTICAL MATH SUCCESS

CON INSTRUCCIONES EN ESPAÑOL

LEARNINGEXPRESS SKILL BUILDERS

PRACTICAL MATH SUCCESS
CON INSTRUCCIONES EN ESPAÑOL

Judith Rabinovitz

Translated by Héctor A. Canonge

LearningExpress

NEW YORK

Library of Congress Cataloging-in-Publication Data:

Rabinovitz, Judith.

    Practical math success: con intrucciones en Español/Judith Rabinovitz—1st ed.

    p. cm.
    ISBN 1-57685-373-X
    1. Mathematics. I. Title
    QA39.2.R315 2001
    510—dc21

                              00-067525

Printed in the United States of America
9 8 7 6 5 4 3 2 1
First Edition

ISBN 1-57685-373-X

For more information or to place an order, contact LearningExpress at:
900 Broadway
Suite 604
New York, NY 10003

Or visit us at:
www.learnatest.com

Un importante aviso
para nuestros lectores

Si usted ha sacado este libro de una escuela o biblioteca pública, por favor no marque el libro, use un cuaderno separado para escribir sus respuestas de forma que otra gente pueda usar el mismo material. Gracias por su cooperación y por tomar en cuenta a otras personas.

LearningExpress
Skill Builders Series

Introduciendo una nueva serie que le ayudará a adquirir rápidamente nuevas técnicas básicas. Cada libro ofrece sugerencias y técnicas además de un suficiente número de ejercicios en la práctica de nuevas habilidades. Ideal para individuos que se están preparando a tomar un examen estandarizado. Altamente recomendado para aquellas personas que necesitan mejorar las habilidades que los conduzca al éxito.

Practical Math Success
Reading Comprehension Success
Reasoning Skills Success
Vocabulary & Spelling Success
Writing Skills Success

Todos los libros de la serie Learning Express están disponibles en librerías locales o llámenos sin costo alguno al teléfono 888-551-JOBS.

Si usted va a tomar un examen de ingreso o estandarizado . . .

¡Usted está en el lugar correcto! Las 20 lecciones de este libro han sido diseñadas para prepararle con la sección de matemáticas. Usted aprenderá todas las fórmulas que necesita, todas las técnicas que le ayudarán con la sección de preguntas múltiples y con la de los problemas escritos. Ejemplos y practicas de ejercicios son presentados como verdaderos examenes para darle suficiente tiempo en su preparación. Cuando llegue el día del examen … usted estará preparado para sacar un alto puntaje.

AUTHOR BIOGRAPHIES

Judith Rabinovitz, Ph.D., is the author of *Civil Service Starter, 2nd Edition.* She resides in Vero Beach, Florida.

Héctor A. Canonge, M.A., is an adjunct instructor at the City University of New York where he has taught Comparative Literature and presently teaches Global History, and Languages. He has written several articles on Latin American literature and art for the journals *Circulo de Cultura Panamericano, Diaspora, LAILA, Enfoque,* and contributed with essays to the publications of many books on literary criticism. He lives in New York City.

CONTENIDO

CÓMO USAR
ESTE LIBRO

Este es un libro para la persona que ve las matemáticas como un reto—para aquellas personas quienes por el sólo hecho de pensar en las matemáticas desarrollaron calculitis, es decir el constante uso de calculadoras. Como consultor educativo que ha guiado a miles de estudiantes a través de la transición de colegio secundario a universidad y a estudios de pos-grado, estoy bien sorprendido por el alarmante número de personas jóvenes y brillantes que no pueden resolver problemas matemáticos en la vida diaria, como por ejemplo, calcular la propina en un restaurante.

Hace algún tiempo, estaba ayudando a un estudiante a prepararse para el examen nacional de maestros, National Teaching Examination. Mientras trabajábamos con un ejemplo de la sección de matemáticas, encontramos una pregunta que decía: "Karen está siguiendo una receta de cocina para hacer una torta de chocolate para ocho personas. Si la receta indica que se necesita $\frac{3}{4}$ de una taza de harina, ¿cuánto de harina necesita ella para una torta que sirva a 12 personas? Después de algunos minutos de confusion, y lo que parecía ser momentos de reflexión, mi estudiante, cuyo nombre es también Karen, anunció orgullosamente, "yo haría dos tortas de chocolate, cada una con $\frac{3}{4}$ de harina. Después de la comida, echaría el resto de la torta a la basura."

Si usted es como Karen, asustada por tener que rendir un examen de matemáticas, por tener que trabajar con fracciones, decimales y porcentajes, ¡este libro es para usted! *Practical Math Success* va directamente a lo básico, le ayudará a revisar el material que usted se ha olvidado, pero de una manera que esta vez no se le olvidará. Este libro tiene un acercamiento nuevo hacia operaciones matemáticas y presenta el material de una manera única y amigable para que usted pueda entender todo el material.

CÓMO VENCER LA ANSIEDAD DE LAS MATEMÁTICAS

¿Le gusta la matemática? ¿Odia la matemática? Pare ahora mismo, tome un pedazo de papel y escriba las respuestas a estas preguntas. Trate de pensar en las razones específicas de por qué gusta o no gusta de las matemáticas. Por ejemplo, usted puede que guste de la matemática por qué puede comprobar si sus respuestas son correctas e incorrectas. O puede que usted no guste de ella porque le parece aburrida y complicada. Quizás usted es una de esas personas a quienes no les gustan las matemáticas por motivos no muy claros y por eso no lo puede decir con exactitud. Ahora es el momento para aclarar y presentar sus razones. Determine por qué se siente de esa manera cada vez que piensa en las matemáticas. Si hay cosas que usted gusta o disgusta de ella, escríbalas en dos columnas separadas.

Una vez que abiertamente haya determinado sus motivos, usted puede corregir cada uno de ellos—especialmente las razones por las cuales no le gustan las matemáticas. Usted puede encontrar razones que transformen esos motivos negativos y le hagan gustar más de la matemática. Por ejemplo, veamos una de las quejas más comunes: los problemas matemáticos son muy complicados. Si usted piensa en esto, usted romperá cada problema matemático en pequeñas partes o pasos y se enfocará en cada uno de estos individualmente. De esa manera el problema no va a ser tan complicado. Y, afortunadamente, todos los problemas excepto los más simples, pueden ser rotos en pequeñas partes o pasos.

Si usted quiere triunfar en los exámenes estandarizados, en el trabajo o en su vida cotidiana, usted va a tener que aprender a entenderse con las matemáticas. Usted necesita tener un conocimiento básico de matemáticas para poder trabajar eficientemente en diferentes tipos de profesiones. Entonces, si usted siente ansiedad con la matemática o ésta constituye un reto para usted, el primer paso es tratar de soprepasar su bloqueo mental matemático. Comience a recordar sus triunfos pasados. (¡Sí, todos los tenemos!) Si usted puede recordar todas las cosas buenas de las matemáticas, cosas que inclusive un escritor o un poeta aprecian, entonces usted estará listo para maniobrar con este libro que hará de su experiencia matemática lo menos dolorosa posible.

EDIFICANDO SOBRE LOS TRIUNFOS PASADOS

Piense en la matemática que usted ya logró dominar. Se haya dado cuenta o no, usted sabe más de lo cree. Por ejemplo, si usted paga al cajero(a) $20.00 por un libro que cuesta $9.95, usted sabe que hay un problema si como cambio sólo recibe $5.00. Eso es sustracción—una operación matemática puesta en acción. Trate de pensar en otros ejemplos y cómo usted inconscientemente o automáticamente usa su conocimiento matemático.

Cualesquiera que fuesen sus logros en relación con las matemáticas, piense en estos. Quizas usted memorizó las tables de multiplicación y puede contestar en un segundo a la pregunta de "¿Cuánto es 3 por 3?" Aprenda más basándose en su conocimiento matemático, por más pequeño que este sea. Si usted puede dominar simples ecuaciones matemáticas, entonces es sólo cuestión de tiempo. Practique y estudie hasta que llegue a dominar cosas más complicadas. Incluso si usted, para obtener las respuestas correctas, tiene que re-hacer algunas lecciones de este texto, ¡le sera valioso el hacerlo!

COSAS MUY IMPORTANTES DE LAS MATEMÁTICAS

La matemática tiene un aspecto positivo del cual usted seguramente no se dió cuenta:

1. La matemática es estable y segura. Usted puede estar seguro de que cada vez que hace una operación matemática, esta no va a cambiar: 2 más 2 es siempre 4. La matemática no cambia de día en día de acuerdo con su humor. Usted puede estar seguro de que cada hecho matemático aprendido va a ser siempre verdadero y de que no cambiará repentinamente.

2. El dominio de las habilidades matemáticas no sólo le ayudará a rendir bien en su examen de servicio civil, sino que también le ayudará en otras áreas. Si usted trabaja en áreas como ciencias, economía, nutrición o negocios, usted necesita de las matemáticas. Aprender lo básico ahora, le permitirá, en un futuro, enfocarse a problemas matemáticos más avanzados y a prácticas aplicaciones matemáticas en estos tipos de trabajo.

3. La matemática es una herramienta muy útil y práctica que usted puede usar en su vida cotidiana de muchas maneras diferentes y no sólo en el trabajo. Por ejemplo, llegar a dominar todas las técnicas básicas en este libro le ayudará a completar trabajos prácticos como hacer el balance de su chequera, dividir la cuenta telefónica entre sus compañeros de cuarto, planear su jubilación o saber el precio de liquidación de un saco que está reducido en un 25%.

4. La matemática tiene su propio lenguaje. No tiene las connotaciones y grados de significado que a veces se presentan en el lenguaje español (o inglés). La matemática es un lenguaje común y directo ya que toda la gente del mundo la puede entender.

5. ¡Pasar el tiempo aprendiendo nuevas operaciones y conceptos matemáticos es bueno para su cerebro! Usted seguramente escuchó esto anteriormente, pero la verdad es que es cierto. Resolver problemas matemáticos es un buen ejercicio mental que le ayudará a incrementar su capacidad de entendimiento y habilidad de razonamiento.

Estos son solamente algunos de los atributos positivos de las matemáticas. No se olvide de recordarlos mientras trabaja con este libro. Si usted se enfoca en pensar en lo buenas que son las matemáticas y lo mucho que le ayudarán cuando tenga que resolver problemas de la vida diaria, su experiencia de aprendizaje va a ser más placentera en vez de tornarse como algo terrible. Pensar positivamente sí funciona—ya sea que usted esté observando al mundo o a un indivíduo. Albergar resentimiento por las matemáticas limitará sus logros, entonces, piense positivamente acerca de las matemáticas.

CÓMO USAR ESTE LIBRO

Practical Math Success está organizado en lecciones flexibles y estructuradas que usted puede llegar a dominar practicando 20 minutos al día. Cada lección presenta paso a paso una pequeña parte del material a cubrir. Las lecciones enseñan con ejemplos—en lugar de teoría o térmínología matemática—para que de esa manera usted pueda tener las suficientes oportunidades de aprender exitosamente. Usted aprenderá atendiendo y no memorizando.

Cada lección nueva es introducida con ejemplos prácticos y fácil de usarlos. La mayor parte de las lecciones son reforzadas por preguntas simples y con soluciones claras, descritas paso a paso para que usted pueda practicar por cuenta propia al final de cada lección. Practique las preguntas de grupo, esparcidas a lo largo de cada lección, típicamente comience por las preguntas más fáciles para poder ganar más confianza. A medida que las lecciones progresan las preguntas más fáciles son mezcladas con las más retadoras para que aquellos lectores que tengan problemas puedan exitosamente completar muchas de las preguntas. ¡Un poco de éxito puede durar mucho tiempo!

Los ejercicios al final de cada capítulo, llamados Tácticas Adquiridas, le dan la oportunidad de practicar lo que aprende en cada lección. Los ejercicios le ayudarán a recordar y llevar a la práctica todo lo aprendido en cada lección. Los ejercicios también le ayudarán a recordar y practicar en su vida diaria el tema de cada lección.

Este libro le preparará para tomar un examen estandarizado de matemáticas, para el trabajo o para su vida diaria a través de la revisión de muchos temas aprendidos en la escuela o el colegio.

- **Aritmética:** Fracciones, decimales, razones y proporciones, promedios (medio, mediano, modo), probabilidad, raices, raices cuadradas, unidades de medidas, y problemas escritos.
- **Algebra elemental:** números positivos y negativos, solución de ecuaciones, y problemas escritos.
- **Geometría:** Líneas, ángulos, triángulos, rectángulos, cuadrados, paralelógramos, círculos y problemas escritos.

Usted puede comenzar inmediatamente por tomar la prueba inicial de evaluación de la siguiente página. Esta prueba le dirá en qué lecciones usted tiene que enfocarse. Al final del libro usted encontrará una prueba de evaluación final que le mostrará cuánto ha aprendido y mejorado. Hay también un glosario de términos matemáticos, consejos a seguir para tomar un examen estandarizado y sugerencias para continuar mejorando sus matemáticas incluso despues de que haya terminado el libro.

Este es un texto de práctica y como tal significa que uno tiene que escribir en él. A no ser que usted lo haya sacado de la biblioteca o pertenezca a un amigo, escriba en sus páginas. Logre envolverse activamente cuando haga cada ejercicio o problema matemático—marque los capítulos sin cuidado. Si usted quiere, puede usar papel extra para escribir resultados o cálculos para resolver los problemas—¡eso está bien!

HAGA UN COMPROMISO

Usted tiene que ir más allá de simplemente prepararse para un examen de matemáticas. Mejorar sus habilidades y técnicas matemáticas lleva tiempo y dedicación. Tiene que hacer un compromiso, tiene que sacar un poco de tiempo de su horario ocupado. Tiene que decidir que el perfeccionamiento de sus habilidades es una prioridad para usted ya que incrementan las posibilidades de rendir bien en cualquier profesión.

Si usted está listo para hacer ese compromiso, este libro le ayudará. Cada una de sus 20 lecciones ha sido diseñada para ser completada en tan sólo 20 minutos. Usted puede estar seguro de tener una mejor base matemática en tan sólo un mes y después de haber completado conscientemente los ejercicios diarios cinco veces a la semana. Si usted sigue las sugerencias para continuar el perfeccionamiento de sus habilidades y hace cada uno de los ejercicios del texto, usted adquirirá una fundación más fuerte. Use este libro en toda su capacidad –como un texto de auto-aprendizaje y como libro de referencia.

Ahora que usted ya tiene una actitud positiva respecto del aprendizaje de matemáticas, es hora de empezar con la primera lección. ¡Empiece ya!

PRACTICAL MATH SUCCESS

CON INSTRUCCIONES EN ESPAÑOL

EXAMEN DE EVALUACIÓN

ntes de comenzar con su aprendizaje de las matemáticas, quizás quiera tener una mejor idea de lo que sabe y lo que necesita aprender. Si ese es su caso, tome la prueba de evaluación de este capítulo. Esta prueba consiste de 50 preguntas optativas que cubren todas las lecciones del libro. Naturalmente, estas 50 preguntas no podrían cubrir todos y cada uno de los conceptos, ideas y atajos que usted aprenderá al estudiar este libro. Incluso si usted contesta correctamente todas las preguntas de la prueba, se le garantiza que encontrará algunos conceptos y trucos que no conocía. Por otro lado, si usted no contesta correctamente muchas de las preguntas, no se alarme. Este libro le mostrará, paso a paso, cómo adquirir un mejor dominio matemático.

Use esta prueba de evaluación para tener una idea general de cuánto usted sabe del material presentado en este texto. Si obtiene un puntaje alto, quizás tenga que dedicar menos tiempo del inicialmente planeado. Si obtiene un puntaje bajo, se dará cuenta de que quizás necesite más de 20 minutos al día para completar cada capítulo y aprender todas las técnicas matemáticas que necesite.

En la siguiente página hay una hoja de respuestas que puede usar para anotar las respuestas correctas. Si usted prefiere, encierre en un círculo el número de la respuesta en este libro. Si el libro no le pertenece, escriba los números del 1-50 en una hoja de papel y anote las preguntas en ésta. Tome el tiempo que sea necesario para completar esta pequeña prueba. Cuando termine, revise sus respuestas y compárelas con las del texto. Cada respuesta le dirá la lección en este libro que cubre cada problema matemático presentado en la prueba.

1.	(a)	(b)	(c)	(d)
2.	(a)	(b)	(c)	(d)
3.	(a)	(b)	(c)	(d)
4.	(a)	(b)	(c)	(d)
5.	(a)	(b)	(c)	(d)
6.	(a)	(b)	(c)	(d)
7.	(a)	(b)	(c)	(d)
8.	(a)	(b)	(c)	(d)
9.	(a)	(b)	(c)	(d)
10.	(a)	(b)	(c)	(d)
11.	(a)	(b)	(c)	(d)
12.	(a)	(b)	(c)	(d)
13.	(a)	(b)	(c)	(d)
14.	(a)	(b)	(c)	(d)
15.	(a)	(b)	(c)	(d)
16.	(a)	(b)	(c)	(d)
17.	(a)	(b)	(c)	(d)
18.	(a)	(b)	(c)	(d)
19.	(a)	(b)	(c)	(d)
20.	(a)	(b)	(c)	(d)

21.	(a)	(b)	(c)	(d)
22.	(a)	(b)	(c)	(d)
23.	(a)	(b)	(c)	(d)
24.	(a)	(b)	(c)	(d)
25.	(a)	(b)	(c)	(d)
26.	(a)	(b)	(c)	(d)
27.	(a)	(b)	(c)	(d)
28.	(a)	(b)	(c)	(d)
29.	(a)	(b)	(c)	(d)
30.	(a)	(b)	(c)	(d)
31.	(a)	(b)	(c)	(d)
32.	(a)	(b)	(c)	(d)
33.	(a)	(b)	(c)	(d)
34.	(a)	(b)	(c)	(d)
35.	(a)	(b)	(c)	(d)
36.	(a)	(b)	(c)	(d)
37.	(a)	(b)	(c)	(d)
38.	(a)	(b)	(c)	(d)
39.	(a)	(b)	(c)	(d)
40.	(a)	(b)	(c)	(d)

41.	(a)	(b)	(c)	(d)
42.	(a)	(b)	(c)	(d)
43.	(a)	(b)	(c)	(d)
44.	(a)	(b)	(c)	(d)
45.	(a)	(b)	(c)	(d)
46.	(a)	(b)	(c)	(d)
47.	(a)	(b)	(c)	(d)
48.	(a)	(b)	(c)	(d)
49.	(a)	(b)	(c)	(d)
50.	(a)	(b)	(c)	(d)

EXAMEN DE EA EVALUACIÓN

1. Name the fraction that indicates the shaded part of the figure below.

   a. $\frac{2}{5}$

   b. $\frac{1}{5}$

   c. $\frac{1}{8}$

   d. $\frac{1}{10}$

2. Four ounces is what fraction of a pound? (one pound = 16 ounces)

   a. $\frac{1}{3}$

   b. $\frac{3}{8}$

   c. $\frac{1}{4}$

   d. $\frac{1}{6}$

3. Change $\frac{54}{7}$ into a mixed number.

   a. $6\frac{13}{14}$

   b. $7\frac{4}{7}$

   c. $7\frac{5}{7}$

   d. $8\frac{1}{7}$

4. Which fraction is smallest?

   a. $\frac{3}{8}$

   b. $\frac{1}{4}$

   c. $\frac{5}{24}$

   d. $\frac{1}{6}$

5. What is the decimal value of $\frac{5}{8}$?

   a. 0.56

   b. 0.625

   c. 0.8

   d. 0.835

6. Raise $\frac{5}{9}$ to 36ths.

   a. $\frac{18}{36}$

   b. $\frac{20}{36}$

   c. $\frac{24}{36}$

   d. $\frac{30}{36}$

7. $1\frac{3}{4} + 3\frac{1}{2} =$

   a. $4\frac{1}{4}$

   b. $4\frac{3}{4}$

   c. $5\frac{1}{4}$

   d. $5\frac{1}{2}$

8. $4 - 1\frac{4}{5} =$

   a. $2\frac{1}{5}$

   b. $2\frac{4}{5}$

   c. $3\frac{3}{10}$

   d. $3\frac{1}{5}$

9. $\frac{7}{12} - \frac{1}{3} =$

   a. $\frac{1}{4}$

   b. $\frac{1}{3}$

   c. $\frac{5}{6}$

   d. $\frac{5}{12}$

10. $\frac{2}{3} \times \frac{1}{5} =$

   a. $\frac{3}{8}$

   b. $\frac{2}{15}$

   c. $\frac{2}{5}$

   d. $\frac{4}{5}$

11. $\frac{5}{8} \times \frac{4}{15} =$

   a. $\frac{1}{6}$

   b. $\frac{2}{5}$

   c. $\frac{9}{15}$

   d. $\frac{7}{45}$

12. $\frac{1}{2} \times 16 \times \frac{3}{8} =$

   a. $\frac{1}{4}$

   b. $2\frac{5}{16}$

   c. 3

   d. $4\frac{1}{4}$

13. Derek earns $64.00 per day and spends $4.00 per day on transportation. What fraction of Derek's daily earnings does he spend on transportation?

   a. $\frac{1}{32}$

   b. $\frac{1}{18}$

   c. $\frac{1}{16}$

   d. $\frac{1}{8}$

14. A bread recipe calls for $6\frac{1}{2}$ cups of flour, but Chris has only $5\frac{1}{3}$ cups. How much more flour does Chris need?

   a. $\frac{2}{3}$ cup

   b. $\frac{5}{6}$ cup

   c. $1\frac{1}{6}$ cups

   d. $1\frac{1}{4}$ cups

15. If a $14\frac{3}{4}$ length of ribbon is cut into 4 equal pieces, how long will each piece be?

  a. $3\frac{1}{8}$

  b. $3\frac{1}{4}$

  c. $3\frac{5}{8}$

  d. $3\frac{11}{16}$

16. Change $\frac{3}{5}$ to a decimal.

  a. 0.6

  b. 0.06

  c. 0.35

  d. 0.7

17. What is 0.7849 rounded to the nearest hundredth?

  a. 0.8

  b. 0.78

  c. 0.785

  d. 0.79

18. Which is the largest number?

  a. 0.025

  b. 0.5

  c. 0.25

  d. 0.05

19. $2.36 + 14 + 0.083 =$

  a. 14.059

  b. 16.443

  c. 16.69

  d. 17.19

20. $1.5 - 0.188 =$

  a. 0.62

  b. 1.262

  c. 1.27

  d. 1.312

21. $12 - 0.92 + 4.6 =$

  a. 17.52

  b. 16.68

  c. 15.68

  d. 8.4

22. $2.39 \times 10,000 =$

  a. 239

  b. 2,390

  c. 23,900

  d. 239,000

23. $5 \times 0.0063 =$

  a. 0.0315

  b. 0.315

  c. 3.15

  d. 31.5

24. Over a period of four days, Tyler drove a total of 956.58 miles. What is the average number of miles Tyler drove each day?

  a. 239.145

  b. 239.2

  c. 249.045

  d. 249.45

25. 45% is equal to what fraction?

    a. $\frac{4}{5}$

    b. $\frac{5}{8}$

    c. $\frac{25}{50}$

    d. $\frac{9}{20}$

26. 0.925 is equal to what percent?

    a. 925%

    b. 92.5%

    c. 9.25%

    d. 0.0925%

27. What is 12% of 60?

    a. 5

    b. 7.2

    c. 50

    d. 72

28. 5 is what percent of 4?

    a. 80%

    b. 85%

    c. 105%

    d. 125%

29. Eighteen percent of Centerville's total yearly $1,250,000 budget is spent on road repairs. How much money does Centerville spend on road repairs each year?

    a. $11,250

    b. $22,500

    c. $112,500

    d. $225,000

30. Of the 500 coins in a jar, 45 are quarters. What percent of the coins in the jar are quarters?

    a. 9%

    b. 9.5%

    c. 11.1%

    d. 15%

31. 16 is 20% of what number?

    a. 8

    b. 12.5

    c. 32

    d. 80

32. In January, Bart's electricity bill was $35.00. In February, his bill was $42.00. By what percent did his electricity bill increase?

    a. 7%

    b. 12%

    c. 16%

    d. 20%

33. On a state road map, one inch represents 20 miles. Denise wants to travel from Garden City to Marshalltown, which is a distance of $4\frac{1}{4}$ inches on the map. How many miles will Denise travel?

    a. 45

    b. 82

    c. 85

    d. 90

34. In the freshman class, the ratio of in-state students to out-of-state students is 15 to 2. If there are 750 in-state students in the class, how many out-of-state students are there?

a. 100

b. 112

c. 130

d. 260

35. The high temperatures for the first five days in September are as follows: Sunday, 72°; Monday, 79°; Tuesday, 81°; Wednesday 74°; Thursday, 68°. What is the average (mean) high temperature for those five days?

a. 73.5°

b. 74°

c. 74.8°

d. 75.1°

36. What are the median and the mode of the following group of numbers: 9, 14, 15, 16, 17, 17, 17?

a. median = 16, mode = 17

b. median = 15, mode = 16

c. median = 15, mode = 16

d. median = 16, mode = 15

37. A bag contains 105 jelly beans: 23 white, 23 red, 14 purple, 26 yellow, and 19 green ones. What is the probability of selecting either a yellow or a green jelly bean?

a. $\frac{3}{7}$

b. $\frac{1}{6}$

c. $\frac{1}{12}$

d. $\frac{2}{9}$

38. A can contains 200 mixed nuts: almonds, cashews, and peanuts. If the probability of choosing an almond is $\frac{1}{10}$ and the probability of choosing a cashew is $\frac{1}{4}$, how many peanuts are in the can?

a. 90

b. 110

c. 130

d. 186

39. Jason spent $46.53 on groceries. If he handed the checkout clerk three $20 bills, how much change should he receive?

a. $13.47

b. $14.47

c. $14.57

d. $16.53

40. Colleen purchased a large bag of apples. She used $\frac{1}{2}$ of them to make applesauce. Of those she had left, she used $\frac{3}{4}$ to make an apple pie. When she was finished, she had only 3 apples left. How many apples were there to begin with?

a. 21

b. 24

c. 28

d. 36

41. Of the 80 employees working on the road-construction crew, 35% worked overtime this week. How many employees did **NOT** work overtime?

a. 28

b. 45

c. 52

d. 56

42. If Lydia's height is $\frac{2}{a}$ of Francine's height and Francine is b inches tall, how tall is Lydia?

a. $\frac{2}{ab}$

b. $2(ab)$

c. $2\frac{a}{b}$

d. $\frac{2b}{a}$

43. Which of the following is an obtuse angle?

a.

b.

c.

d.

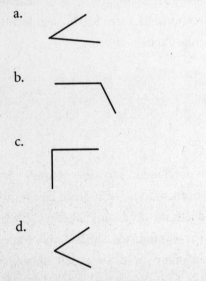

44. What is the perimeter of the polygon below?

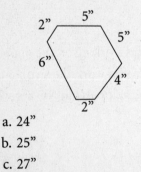

a. 24"

b. 25"

c. 27"

d. 32"

45. A certain triangle has an area of 9 square inches. If its base is 3 inches, what is its height in inches?

a. 3

b. 4

c. 6

d. 12

46. What are the dimensions of a rectangular room with a perimeter of 42 feet if the long side is twice as long as the short side?

a. 7 feet by 14 feet

b. 8 feet by 16 feet

c. 12 feet by 24 feet

d. 14 feet by 28 feet

47. If the area of a square is 25 square feet, how long is one of its sides?

a. 2.5 feet

b. 5 feet

c. 10 feet

d. 12.5 feet

48. What is the approximate circumference of a circle whose diameter is 14 inches?

a. 22 inches

b. 44 inches

c. 66 inches

d. 88 inches

49. $3 \times (6 + 1) - 4 =$

    a. 6

    b. 9

    c. 17

    d. 19

50. 7 ft 7 in + 4 ft 10 in =

    a. 11 ft 3 in

    b. 12 ft 3 in

    c. 12 ft 5 in

    d. 13 ft 2 in

TABLA DE RESPUESTAS CORRECTAS

Si usted no acertó a alguna de las preguntas, puede encontrar ayuda para la clase de pregunta en la lección indicada a la derecha de la respuesta.

1. d. Lección 1	**18.** b. Lección 6	**35.** c. Lección 13
2. c. Lecciones 1, 4	**19.** b. Lección 7	**36.** a. Lección 13
3. c. Lección 1	**20.** d. Lección 7	**37.** a. Lección 14
4. d. Lección 2	**21.** c. Lección 7	**38.** c. Lección 14
5. b. Lección 2	**22.** c. Lección 8	**39.** a. Lecciones 7, 15
6. b. Lección 2	**23.** a. Lección 8	**40.** b. Lecciones 5, 15, 16
7. c. Lección 3	**24.** a. Lección 8	**41.** c. Lecciones 10, 16
8. a. Lección 3	**25.** d. Lección 9	**42.** d. Lecciones 16, 20
9. a. Lección 3	**26.** b. Lección 9	**43.** b. Lección 17
10. b. Lección 4	**27.** b. Lección 10	**44.** a. Lección 18
11. a. Lección 4	**28.** d. Lección 10	**45.** c. Lección 18
12. c. Lección 4	**29.** d. Lección 10	**46.** a. Lección 19
13. c. Lección 5	**30.** a. Lección 10	**47.** b. Lección 19
14. c. Lección 5	**31.** d. Lecciones 10, 11	**48.** b. Lección 19
15. d. Lección 5	**32.** d. Lección 11	**49.** c. Lección 20
16. a. Lección 6	**33.** c. Lección 12	**50.** c. Lección 20
17. b. Lección 6	**34.** a. Lección 12	

L · E · C · C · I · Ó · N

TRABAJANDO CON FRACCIONES

1

RESUMEN DE LA LECCIÓN

Esta primera lección le familiarizará con las fracciones enseñádole varias maneras de entenderlas que le ayudarán a usarlas más efectivamente. Esta lección introduce tres tipos de fracciones y le enseña a cambiar de una clase de fracción a otra, una táctica útil que hace que la aritmética de fracciones sea más eficiente. El resto de la lección se enfoca a la aritmética.

L as fracciones son los elementos más importantes de las matemáticas. Cada día uno está en contacto con las fracciones; en recetas ($\frac{1}{2}$ vaso de leche), al conducir ($\frac{3}{4}$ de milla), en medidas ($2\frac{1}{2}$ hectáreas), dinero (medio dólar) y mucho más. La mayor parte de los problemas aritméticos incluyen, de una manera u otra, el uso de las fracciones. Decimales, porcentajes, razones y proporciones, que serán estudiados en lecciones 6–12, son también fracciones. Para entenderlos, usted tiene que sentirse cómodo con el uso de las fracciones que es lo que esta lección y las cuatro siguientes le enseñarán.

¿QUÉ ES UNA FRACCIÓN?

Una *fracción* es parte de una totalidad.

- **Un minuto es una fracción de una hora.** Es una de las 60 partes iguales de una hora o $\frac{1}{60}$ (one-*sixtieth*) de una hora.
- **Los fines de semana son fracciones de una semana.** Los fines de semana son 2 de las 7 partes iguales de una semana o $\frac{2}{7}$ (two-*sevenths*) de una semana.
- **El dinero es expresado en fracciones.** Un níguel es $\frac{1}{20}$ (one-*twentieth*) de un dólar porque hay 20 nígueles en un dólar. Un dime es $\frac{1}{10}$ (one-*tenth*) de un dólar porque hay 10 dimes en un dólar.
- **Las medidas son expresadas en fracciones.** Hay cuatro cuartos de gallon en un gallon. Un cuarto es $\frac{1}{4}$ de un gallon. Tres cuartos son $\frac{3}{4}$ de un gallon.

Los dos números que componen una fracción son llamados:

$$\frac{\text{numerador}}{\text{denominador}}$$

Por ejemplo, en la fracción $\frac{3}{8}$, el numerador es 3 y el denominador es 8. Una manera fácil de reconocer cuál es cuál, es el asociar la palabra *denominator* con la palabra *down*. El numerador indica el número de partes que usted está considerando, y el denominador indica el número de partes iguales contenidas en la totalidad. Uno puede representar gráficamente cualquier fracción coloreando el número de partes que se están considerando (numerador) basados en la totalidad (denominador).

Ejemplo: Digamos que una pizza ha sido cortada en 8 partes iguales de las cuales usted se comió tres. La fracción $\frac{3}{8}$ le dice qué partes de la piza se comió. La pizza de abajo lo demuestra: está dividida en 8 partes iguales y 3 de los ocho pedazos (los que usted comió) han sido coloreados. Ya que la pizza entera fue dividida en 8 partes iguales, 8 es el denominador *denominator*. Lo que usted comió fueron 3 partes, estas constituyen el numerador *numerator*.

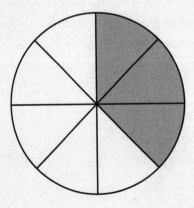

Si usted tiene problemas conceptualizando alguna fracción en particular, piense en términos del ejemplo de la pizza. Solo tiene que imaginarse comiendo el número de partes superior de una pizza que ha sido cortada en un número inferior de partes. Puede que esto suene absurdo, pero muchos de nosotros relacionamos mejor imágenes visuales que ideas abstractas. A propósito, este pequeño truco sirve cuando se trata de comparar fracciones para determinar cual es más grande y para sumar fracciones y poder aproximar el resultado.

A veces, la totalidad, el total, no es un objeto como una pizza, sino un grupo de objetos. De todas maneras, la idea de colorear trabaja de la misma manera. Cuatro de los cinco triángulos señalados a continuación han sido coloreados. Por consiguiente, $\frac{4}{5}$ de los triángulos están coloreados.

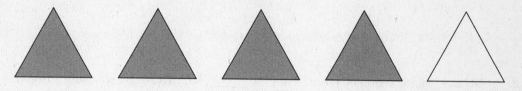

PRÁCTICA

Una fracción representa una parte de un todo. Nombre la fracción que indica las partes coloreadas. Las respuestas están al final de la lección.

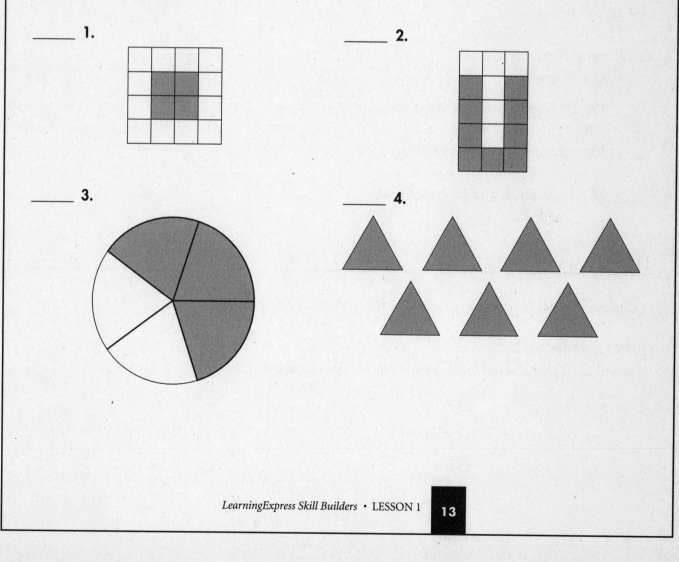

_____ 1.

_____ 2.

_____ 3.

_____ 4.

Más problemas

_____ **5.** 25¢ is what fraction of 75¢?

_____ **6.** 25¢ is what fraction of $1?

_____ **7.** $1.25 is what fraction of $12.50?

Problemas de distancia

Use estas equivalencies:

    1 foot = 12 inches
    1 yard = 3 feet
    1 mile = 5,280 feet

_____ **8.** 8 inches is what fraction of a foot?

_____ **9.** 8 inches is what fraction of a yard?

_____ **10.** 1,320 feet is what fraction of a mile?

_____ **11.** 880 yards is what fraction of a mile?

Problemas de tiempo

Use estas equivalencies:

    1 minute = 60 seconds
    1 hour = 60 minutes
    1 day = 24 hours

_____ **12.** 20 seconds is what fraction of a minute?

_____ **13.** 3 minutes is what fraction of an hour?

_____ **14.** 15 minutes is what fraction of a day?

TRES CLASES DE FRACCIONES

Existen tres clases de fracciones, cada una de ellas es explicada a continuación.

FRACCIONES PROPIAS

En una fracción propia, el número de arriba es menor que el número de abajo:

$$\frac{1}{2}, \frac{2}{3}, \frac{4}{9}, \frac{8}{13}$$

El valor de una fracción propia es menor que 1.

Ejemplo: Suponga que usted come 3 porciones de una pizza que ha sido cortada en 8 porciones. Cada porción es $\frac{1}{8}$ de la pizza. Usted ha comido $\frac{3}{8}$ de la pizza.

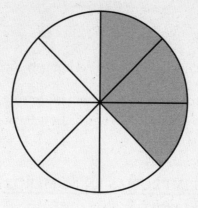

FRACCIONES IMPROPIAS

En una fracción impropia, el número de arriba es mayor que el número de abajo:

$$\frac{3}{2}, \frac{5}{3}, \frac{14}{9}, \frac{12}{12}$$

El valor de una fracción impropia es 1 o más de 1.

- Cuando los números de arriba y abajo son iguales, el valor de la fracción es 1. Por ejemplo, todas estas fracciones son iguales a 1: $\frac{2}{2}, \frac{3}{3}, \frac{4}{4}, \frac{5}{5}$, etc.
- Cualquier número entero puede ser escrito como una fracción impropia al escribir ese número como el número de arriba de una fracción cuyo número de abajo es 1, por ejemplo $\frac{4}{1} = 4$.

Ejemplo: Suponga que usted tenía mucha hambre y que comió las 8 porciones de pizza. Usted puede decir que comió $\frac{8}{8}$ de la pizza o 1 pizza entera. Si usted seguía con hambre y luego comió 1 porción de la pizza de su amigo, que también estaba cortada en 8 porciones, usted ha comido $\frac{9}{8}$ de una pizza. De todas maneras, seguramente puede usar un número mixto en lugar de una fracción impropia, para decir a alguien el número de porciones que usted comió. (¡Si se atreve decirlo!)

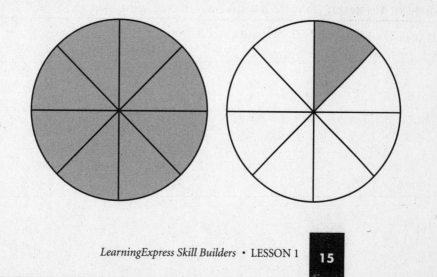

NÚMEROS MIXTOS

Cuando una fracción es escrita a la derecha de un número entero, éste y la fracción constituyen conjuntamente un número mixto, *mixed number:*

$$3\tfrac{1}{2}, \ 4\tfrac{2}{3}, \ 12\tfrac{3}{4}, \ 24\tfrac{3}{4}$$

El valor de un número mixto es mayor que 1: es la suma del número entero y de la fracción.

Ejemplo: ¿Recuerda esas 9 porciones de pizza que comió anteriormente? Usted también puede decir que comió $1\tfrac{1}{8}$ pizas porque comió una pizza entera y uno de las ocho porciones de la pizza de su amigo.

CONVIRTIENDO FRACCIONES IMPROPIAS EN NÚMEROS MIXTOS O ENTEROS

Las fracciones son fáciles de sumar y restar como números mixtos en lugar de fracciones impropias. Para convertir una fracción impropia en número mixto o entero:

1. Divida el número inferior entre el número superior.
2. Si hay un residuo. Conviértalo en una fracción escribiéndolo como el número superior sobre el número inferior de la fracción impropia. Escríbalo al lado del número entero.

Ejemplo: Convierta $\tfrac{13}{2}$ en un número mixto.

1. Divida el número inferior (2) entre el número superior (13) para poder obtener la parte del número entero (6) de la fracción mixta:

$$\begin{array}{r} 6 \\ 2\,\overline{)13} \\ \underline{12} \\ 1 \end{array}$$

2. Escriba el residuo de la division (1) sobre el número original inferior (2): $\tfrac{1}{2}$

3. Escriba los dos números juntos: $6\tfrac{1}{2}$

4. 4. Verifique: Convierta el número mixto en una fracción impropia (vea los pasos que siguen). Si usted obtiene nuevamente la fracción impropia con la que empezó, su respuesta está correcta.

Ejemplo: Change $\frac{12}{4}$ into a mixed number.

1. Divide the bottom number (4) into the top number (12) to get the whole number portion (3) of the mixed number:

$$4\overline{\smash)12}\ \ \substack{3\\ \\ \underline{12}\\ 0}$$

2. Since the remainder of the division is zero, you're done. The improper fraction $\frac{12}{4}$ is actually a whole number: 3

3. Check: Multiply 3 by the original bottom number (4) to make sure you get the original top number (12) as the answer.

Esta es su primera pregunta de prueba en este libro. Preguntas de prueba le ofrecen la oportunidad de practicar los pasos demostrados en ejemplos anteriores. Escriba todos los pasos que usted tome para resolver esta pregunta y compare sus resultados con lo demostrado al final de la lección.

Pregunta de prueba

#1. Change $\frac{14}{3}$ into a mixed number.

PRÁCTICA

Convierta estas fracciones impropias en números mixtos o enteros.

_____**15.** $\frac{10}{3}$

_____**16.** $\frac{15}{6}$

_____**17.** $\frac{5}{4}$

_____**18.** $\frac{6}{6}$

_____**19.** $\frac{300}{30}$

_____**20.** $\frac{75}{70}$

CONVIRTIENDO NÚMEROS MIXTOS EN FRACCIONES IMPROPIAS

Las fracciones son más fáciles de multiplicar y dividir como fracciones impropias que como números mixtos. Para convertir un número mixto en una fraccción impropia:

1. Multiplique el número entero por el número inferior.
2. Sume el número superior con el resultado del primer paso.
3. Escriba el total como número superior de la fracción sobre el número original inferior.

Ejemplo: Change $2\frac{3}{4}$ into an improper fraction.

1. Multiply the whole number (2) by the bottom number (4): $2 \times 4 = 8$

2. Add the result (8) to the top number (3): $8 + 3 = 11$

3. Put the total (11) over the bottom number (4): $\frac{11}{4}$

4. Check: Reverse the process by changing the improper fraction into a mixed number. Since you get back $2\frac{3}{4}$, your answer is right.

Ejemplo: Change $3\frac{5}{8}$ into an improper fraction.

1. Multiply the whole number (3) by the bottom number (8): $3 \times 8 = 24$

2. Add the result (24) to the top number (5): $24 + 5 = 29$

3. Put the total (29) over the bottom number (8): $\frac{29}{8}$

4. Check: Change the improper fraction into a mixed number. Since you get back $3\frac{5}{8}$, your answer is right.

Pregunta de prueba

#2. Change $2\frac{1}{2}$ into an improper fraction.

Note que usted puede demostrar exactamente de la misma manera un número mixto y una fracción impropia. La figura de abajo muestra $2\frac{1}{2}$ pizzas. También muestra $\frac{5}{2}$ pizzas, no importa de la manera en que la divida.

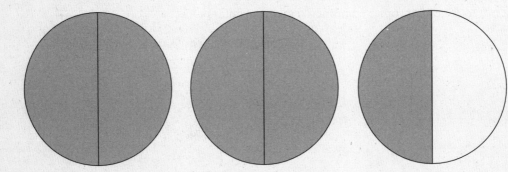

PRÁCTICA

Convierta estos números mixtos en fracciones impropias.

_____ **21.** $1\frac{1}{2}$

_____ **22.** $2\frac{3}{8}$

_____ **23.** $7\frac{3}{4}$

_____ **24.** $10\frac{1}{10}$

_____ **25.** $15\frac{2}{3}$

_____ **26.** $20\frac{7}{8}$

Técnicas Adquiridas

Busque todo su cambio en su bolsillo o monedero y sáquelo. Usted necesita más de un dólar de cambio para este ejercicio. Si usted no tiene suficiente, pida prestado el resto y añadalo a lo que ya tiene. Sume todo el cambio y escriba la cantidad total como una fracción impropia. Luego, conviértala en un número mixto.

RESPUESTAS

PROBLEMAS DÉ PRÁTICA

1. $\frac{4}{16}$ or $\frac{1}{4}$

2. $\frac{9}{15}$ or $\frac{3}{5}$

3. $\frac{3}{5}$

4. $\frac{7}{7}$ or 1

5. $\frac{1}{3}$

6. $\frac{1}{4}$

7. $\frac{1}{10}$

8. $\frac{8}{12}$ or $\frac{2}{3}$

9. $\frac{8}{36}$ or $\frac{2}{9}$

10. $\frac{1,320}{5,280}$ or $\frac{1}{4}$

11. $\frac{880}{1,760}$ or $\frac{1}{2}$

12. $\frac{20}{60}$ or $\frac{1}{3}$

13. $\frac{3}{60}$ or $\frac{1}{20}$

14. $\frac{15}{1,440}$ or $\frac{1}{96}$

15. $3\frac{1}{3}$

16. $2\frac{1}{2}$

17. $1\frac{1}{4}$

18. 1

19. 10

20. $1\frac{1}{14}$

21. $\frac{3}{2}$

22. $\frac{19}{8}$

23. $\frac{31}{4}$

24. $\frac{101}{10}$

25. $\frac{47}{3}$

26. $\frac{167}{8}$

Pregunta de prueba #1

1. Divide the bottom number (3) into the top number (14) to get the whole number portion (4) of the mixed number:

$$3\overline{)14} \quad \begin{array}{r} 4 \\ \hline 14 \\ 12 \\ \hline 2 \end{array}$$

2. Write the remainder of the division (2) over the original bottom number (3): $\frac{2}{3}$

3. Write the two numbers together: $4\frac{2}{3}$

4. Check: Change the mixed number back into an improper fraction to make sure you get the original $\frac{14}{3}$.

Pregunta de prueba #2

1. Multiply the whole number (2) by the bottom number (2): $2 \times 2 = 4$

2. Add the result (4) to the top number (1): $4 + 1 = 5$

3. Put the total (5) over the bottom number (2): $\frac{5}{2}$

4. Check: Change the improper fraction back to a mixed number.

   Dividing 2 into 5 gives an answer of 2 with a remainder of 1:

   $$2\overline{)5}$$
   $$\underline{4}$$
   $$1$$

   Put the remainder (1) over the original bottom number (2): $\frac{1}{2}$

   Write the two numbers together to get back the original mixed number: $2\frac{1}{2}$

L·E·C·C·I·Ó·N
CONVIRTIENDO FRACCIONES

2

RESUMEN DE LA LECCIÓN

Esta lección introduce una nueva definición de fracciones. A continuación aprenderá a reducir e incrementar fracciones a términos mayores para más tarde poder realizar operaciones aritméticas de fracciones. Antes de comenzar con estas operaciones (que se cubrirán en los próximos capítulos) usted aprenderá ingeniosas tácticas para comparar fracciones.

L a lección 1 definía una fracción como la *parte de una unidad*. He aquí una nueva definición que usted encontrará útil a medida en que se preste a resolver problemas artiméticos que envuelvan fracciones.

Una fracción significa "dividir."
El número superior de la fracción (numerador)
es dividido por el número inferior (denominador).

Por consiguiente, $\frac{3}{4}$ significa que "3 es divisible entre 4," lo cual también puede ser escrito como $3 \div 4$ or $4\overline{)3}$. El valor de $\frac{3}{4}$ es el mismo que del cociente (resultado) que se obtiene de la division. Entonces, $\frac{3}{4} = 0.75$ que es el valor decimal de la fracción. Note que $\frac{3}{4}$ de un dólar es lo mismo que 75 centacos, lo cual también puede ser escrito como $0.75, el valor decimal de $\frac{3}{4}$.

Ejemplo: encuentre el valor decimal de $\frac{1}{9}$.

Divida 9 entre 1 (Note que tiene que añadir un punto decimal y una serie de ceros al final del 1 para así poder dividir 9 entre 1):

$$
\begin{array}{r}
.1111 \ etc. \\
9\overline{)1.0000 \ etc.} \\
\underline{9} \\
10 \\
\underline{9} \\
10 \\
\underline{9} \\
10
\end{array}
$$

La fracción $\frac{1}{9}$ es equivalente al *decimal repetitivo* de 0.1111 etc., que puede ser escrito como $0.\overline{1}$. (La barra sobre el 1 indica que se repite indefinidamente.)

Las reglas de la aritmética no nos permiten dividir entre cero. Por consiguiente, el cero nunca puede estar como denominador de una fracción.

PRÁCTICA

¿Cuáles son los valores decimales de estas fracciones?

_____ **1.** $\frac{1}{4}$

_____ **2.** $\frac{1}{2}$

_____ **3.** $\frac{3}{4}$

_____ **4.** $\frac{1}{3}$

_____ **5.** $\frac{2}{3}$

_____ **6.** $\frac{1}{8}$

_____ **7.** $\frac{3}{8}$

_____ **8.** $\frac{5}{8}$

_____ **9.** $\frac{7}{8}$

_____ **10.** $\frac{1}{5}$

_____ **11.** $\frac{2}{5}$

_____ **12.** $\frac{3}{5}$

_____ **13.** $\frac{4}{5}$

_____ **14.** $\frac{1}{10}$

Vale la pena memorizar los valores decimales que usted acaba de calcular. Estos constituyen las fracciones equivalentes a decimales más comunes que se presentan en exámenes de matemáticas y en la vida díaria.

REDUCIENDO UNA FRACCIÓN

Reducir una fracción significa escribirla en su término más bajo, es decir, en números pequeños. Por ejemplo, 50 centavos es $\frac{50}{100}$ de un dólar, o $\frac{1}{2}$ de un dólar. Es decir que si usted tiene 50 centavos en el bolsillo, puede decir que tiene medio dólar. Acabamos de decir que la fracción $\frac{50}{100}$ puede ser reducida a $\frac{1}{2}$. Reducir una fracción no cambia el valor de la misma. **Cuando haga operaciones con fracciones siempre trate de reducir su respuesta al término más bajo.** Para reducir una fracción:

1. Encuentre un número entero que divida igualmente el numerador y el denominador.
2. Divida ambos números, numerador y denominador, entre ese número. Reemplácelos con los cocientes (los resultados de la división)
3. Repita al proceso hasta que ya no pueda encontrar un número que divida igualmente ambos números de la fracción.

Es más fácil reducir cuando encuentre el número más largo que divida igualmente a ambos números de la fracción.

Ejemplo: reduzca $\frac{8}{24}$ al término más bajo.

Dos pasos:

1. Divida por 4: $\frac{8 \div 4}{24 \div 4} = \frac{2}{6}$
2. Divida por 2: $\frac{2 \div 2}{6 \div 2} = \frac{1}{3}$

Un paso:

1. Divida por 8: $\frac{8 \div 8}{24 \div 8} = \frac{1}{3}$

Ahora trate usted. Las respuestas a las preguntas de prueba se encuentra al final de la lección.

Pregunta de prueba

#1. Reduce $\frac{6}{9}$ to lowest terms.

TÁCTICA DE REDUCCIÓN

Para empezar el proceso de reducción, cuando los números superior e inferior terminan en cero, tache el mismo número de ceros en ambos números. (Tachar los ceros es lo mismo que dividirlos por 10, 100, 1000, etc., dependiendo en el número de ceros que usted tache.) Por ejemplo, $\frac{300}{4000}$ se puede reducir a $\frac{3}{40}$ cuando uno tacha dos ceros en ambos números:

$$\frac{3\cancel{00}}{4\cancel{00}0} = \frac{3}{40}$$

PRÁCTICA

Reduzca las siguientes fracciones al término más bajo.

_____ **15.** $\frac{2}{4}$

_____ **16.** $\frac{5}{25}$

_____ **17.** $\frac{6}{12}$

_____ **18.** $\frac{32}{40}$

_____ **19.** $\frac{27}{99}$

_____ **20.** $\frac{21}{28}$

_____ **21.** $\frac{25}{100}$

_____ **22.** $\frac{70}{140}$

_____ **23.** $\frac{2500}{5000}$

_____ **24.** $\frac{3500}{45000}$

INCREMENTANDO UNA FRACCIÓN AL TÉRMINO MÁXIMO

Antes de que usted pueda sumar y restar fracciones, usted tiene que saber como incrementar una fracción a un término mayor. Esto es realmente lo opuesto del proceso de reducción de una fracción. Para incrementar una fracción a un término mayor:

1. Divida el número original inferior entre el nuevo número inferior.
2. Multiplique el cociente, (el resultado del paso 1) por el número original superior.
3. Escriba el producto (el resultado del paso 2) sobre el nuevo número inferior.

Ejemplo: Incremente $\frac{2}{3}$ 12 veces.

1. Divida el número original inferior (3) entre el nuevo número inferior (12): $\quad 3\overline{)12} = 4$

2. Multiplique el cociente (4) por el número original superior (2): $\quad 4 \times 2 = 8$

3. Escriba el producto (8) sobre el nuevo número inferior (12): $\quad \frac{8}{12}$

4. 4. Revise: Reduzca la nueva fracción para asegurarse de que obtiene la fracción original como resultado. $\quad \frac{8 \div 4}{12 \div 4} = \frac{2}{3}$

Usando los trazos de una Z pero en reverso, le ayudará a incrementar el valor de una fracción a un término mayor. Comience con el paso 1 en la parte inferior izquierda y continúe siguiendo las flechas y los números de las respuestas.

❷ Multiplique el resultado de ❶ por 2 $\quad \frac{2}{3} \longrightarrow \frac{?}{12}$ ❸ Escriba las respuestas aquí:

❶ Divida 3 entre 12

Pregunta de prueba

#2. Raise $\frac{3}{8}$ to 16ths.

PRÁCTICA

Incremente las siguientes fracciones a los términos indicados.

_____**25.** $\frac{5}{6} = \frac{}{12}$

_____**26.** $\frac{2}{3} = \frac{}{9}$

_____**27.** $\frac{3}{13} = \frac{}{52}$

_____**28.** $\frac{5}{8} = \frac{}{48}$

_____**29.** $\frac{5}{12} = \frac{}{24}$

_____**30.** $\frac{2}{9} = \frac{}{27}$

_____**31.** $\frac{2}{5} = \frac{}{500}$

_____**32.** $\frac{3}{10} = \frac{}{200}$

_____**33.** $\frac{2}{3} = \frac{}{330}$

_____**34.** $\frac{2}{9} = \frac{}{810}$

COMPARANDO FRACCIONES

¿Cuál de las fracciones es más grande, $\frac{3}{8}$ o $\frac{3}{5}$? No se engañe al pensar que $\frac{3}{8}$ es más grande porque tiene mayor denominador. Hay muchas maneras de comparar dos fracciones que pueden ser mejor explicadas a través de ejemplos.

- **Use su intuición: fracciones de una "pizza."** Visualice las fracciones como dos pizzas; una cortada en 8 pedazos y la otra cortada en 5. La pizza que está cortada en 5 pedazos tiene pedazos más grandes. Si usted come 3 de ellas, usted estaría comiendo más pedazos que si comiera 3 de la otra pizza. Por consiguiente, $\frac{3}{5}$ es más grande que $\frac{3}{8}$.

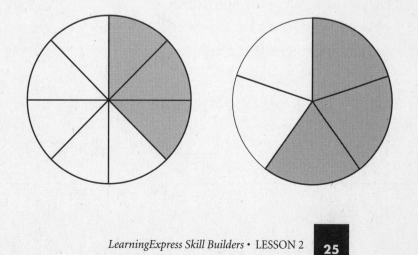

- **Compare las fracciones con fracciones conocidas como $\frac{1}{2}$.** Ambas, $\frac{3}{8}$ y $\frac{3}{5}$ son como $\frac{1}{2}$. De todos modos, $\frac{3}{5}$ es más que $\frac{1}{2}$ mientras que $\frac{3}{8}$ es menor que $\frac{1}{2}$. Entonces, $\frac{3}{5}$ es más grande que $\frac{3}{8}$. Comparar fracciones con $\frac{1}{2}$ es relativalemte fácil. La fracción $\frac{3}{8}$ es un poco menos de $\frac{4}{8}$, que es lo mismo que $\frac{1}{2}$, de una manera similar, $\frac{3}{5}$ es un poco más de $\frac{2\frac{1}{2}}{5}$ que es lo mismo que $\frac{1}{2}$. ($\frac{2\frac{1}{2}}{5}$ a pesar de que parece una fracción extraña, usted puede ver que realmente es lo mismo que $\frac{1}{2}$ al considerar una piza cortada en 5 pedazos. Si usted comiese la mitad de la pizza, usted estaría comiendo $2\frac{1}{2}$ pedazos.)

- **Cambie ambas fracciones a decimales.** ¿Recuerda la definición de fracciones al comienzo de la lección? Una fracción significa dividir: divida el numerador entre el denominador. El cambio a decimales es simplemente la aplicación de esta definición.

$$\frac{3}{5} = 3 \div 5 = 0.6 \qquad \frac{3}{8} = 3 \div 8 = 0.375$$

Ya que 0.6 es mayor que 0.375, las fracciones que les son correspondientes tienen la misma relación: $\frac{3}{5}$ es mayor que $\frac{3}{8}$.

- **Elevar ambas fracciones a términos mayores.** Si ambas fracciones tienen el mismo denominador, usted puede comparar sus numeradores.

$$\frac{3}{5} = \frac{24}{40} \qquad\qquad \frac{3}{8} = \frac{15}{40}$$

Ya que 24 es más grande que 15, las fracciones que les son correspondientes tienen la misma relación: $\frac{3}{5}$ es mayor que $\frac{3}{8}$.

- **Técnica rápida: multiplicación cruzada.** Multiplique el numerador de una fracción por el denominador de otra fracción, escriba el resultado sobre el numerador. Repita el proceso usando los otros dos números, numerador y denominador, de la fracción.

$$\overset{24}{\underset{}{\nearrow}} \frac{3}{5} \bowtie \frac{3}{8} \overset{15}{\underset{}{\nwarrow}}$$

Ya que 24 es más grande que 15, la fracción correspondiente, $\frac{3}{5}$, es mayor que $\frac{3}{8}$.

PRÁCTICA

¿Cuál es la fracción mayor de cada grupo?

_____ **35.** $\frac{2}{3}$ *or* $\frac{1}{3}$

_____ **36.** $\frac{2}{3}$ *or* $\frac{4}{5}$

_____ **37.** $\frac{6}{7}$ *or* $\frac{7}{6}$

_____ **38.** $\frac{5}{8}$ *or* $\frac{5}{9}$

_____ **39.** $\frac{1}{5}$ *or* $\frac{1}{6}$

_____ **40.** $\frac{7}{9}$ *or* $\frac{4}{5}$

_____ **41.** $\frac{1}{4}$ *or* $\frac{1}{2}$ *or* $\frac{3}{7}$

_____ **42.** $\frac{5}{8}$ *or* $\frac{9}{17}$ *or* $\frac{18}{35}$

_____ **43.** $\frac{1}{10}$ *or* $\frac{10}{101}$ *or* $\frac{100}{1001}$

_____ **44.** $\frac{3}{7}$ *or* $\frac{33}{77}$ *or* $\frac{9}{21}$

Técnicas Adquiridas

Es hora de que nuevamente revise sus bolsillos. Pero esta vez, necesita tener menos de un dólar. Es decir que si usted encuentra más cambio en su bolsillo quizás es hora de que sea generoso y lo regale. Después de que haya juntado menos de un dólar, escriba en fracciones la cantidad de cambio que usted tiene. Reduzca esta fracción al menor de sus términos.

Usted puede hacer lo mismo con los intervalos de tiempo que hay en menos de una hora. ¿Cuánto tiempo hasta que salga del trabajo, ir a almorzar, o empezar su nueva actividad del día? Exprese la hora como fracción y redúzcala a su término más bajo.

RESPUESTAS

PROBLEMAS DE PRÁTICA

1. 0.25	**10.** 0.2	**19.** $\frac{3}{11}$	**28.** 30	**37.** $\frac{7}{6}$
2. 0.5	**11.** 0.4	**20.** $\frac{3}{4}$	**29.** 10	**38.** $\frac{5}{8}$
3. 0.75	**12.** 0.6	**21.** $\frac{1}{4}$	**30.** 6	**39.** $\frac{1}{5}$
4. $0.\overline{3}$ or $0.33\frac{1}{3}$	**13.** 0.8	**22.** $\frac{1}{2}$	**31.** 200	**40.** $\frac{4}{5}$
5. $0.\overline{6}$ or $0.66\frac{2}{3}$	**14.** 0.1	**23.** $\frac{1}{2}$	**32.** 60	**41.** $\frac{1}{2}$
6. 0.125	**15.** $\frac{1}{2}$	**24.** $\frac{7}{90}$	**33.** 220	**42.** $\frac{5}{8}$
7. 0.375	**16.** $\frac{1}{5}$	**25.** 10	**34.** 180	**43.** $\frac{1}{10}$
8. 0.625	**17.** $\frac{1}{2}$	**26.** 6	**35.** $\frac{2}{3}$	**44.** All equal
9. 0.875	**18.** $\frac{4}{5}$	**27.** 12	**36.** $\frac{4}{5}$	

Pregunta de prueba #1

Divide by 3: $\dfrac{6 \div 3}{9 \div 3} = \dfrac{2}{3}$

Pregunta de prueba #2

1. Divide the old bottom number (8) into the new one (16): $8\overline{)16} = 2$
2. Multiply the quotient (2) by the old top number (3): $2 \times 3 = 6$
3. Write the product (6) over the new bottom number (16) $\dfrac{6}{16}$
4. Check: Reduce the new fraction to make sure you get back the original. $\dfrac{6 \div 2}{16 \div 2} = \dfrac{3}{8}$

L·E·C·C·I·Ó·N 3

SUMA Y RESTA DE FRACCIONES

RESUMEN DE LA LECCIÓN

En esta lección usted aprenderá a sumar y restar fracciones y números mixtos.

umar y restar fracciones puede ser engañoso. Usted simplemente no puede sumar y restar numeradores y denominadores. En lugar de eso, antes de hacer la suma o resta, tiene que asegurarse de que las fracciones que está sumando o restando tengan el mismo denominador.

SUMANDO FRACCIONES

Si usted tiene que sumar dos fracciones que tengan el mismo denominador, simplemente sume sus denominadores y escriba el total sobre el mismo denominador.

Ejemplo: $\frac{2}{9} + \frac{4}{9} = \frac{2+4}{9} = \frac{6}{9}$, que puede ser reducido a $\frac{2}{3}$

Nota: En esta lección habrá muchas preguntas de prueba. Asegúrese de practicarlas y revisar sus respuestas comparandolas con las del final de la lección antes que proceder con el siguiente capítulo.

Pregunta de prueba

#1. $\frac{5}{8} + \frac{7}{8}$

ENCONTRANDO EL COMÚN DENOMINADOR

Para sumar fracciones con diferentes denominadores, incremente algunas o todas de las fracciones a términos mayores para que de esa manera todas tengan el mismo denominador, llamado **común denominador** *common denominator*. Luego, sume los numeradores, manteniendo el mismo denominador.

Todos los denominadores se pueden dividir igualmente entre el común denominador. Si todos se dividen entre el denominador más pequeño, éste es llamado **común denominador menor** *least common denominator (LCD)*. La suma es, generalmente, más fácil si se usa el LCD que usando cualquier otro común denominador.

Estas son algunas sugerencias para encontrar el LCD

- Vea si todos los denominadores se dividen igualmente entre denominador más grande.
- Revise la tabla de multiplicación de este denominador más grande hasta encontrar el número que divida igualmente a los otros denominadores.
- Si todo esto no da resultado, multiplique todos los denominadores juntos.

Ejemplo: $\frac{2}{3} + \frac{4}{5}$

1. Encuentre el LCD multiplicando los denominadores: $\qquad$ $3 \times 5 = 15$

2. Incremente cada fracción 15 veces, el LCD: $\qquad$ $\frac{2}{3} = \frac{10}{15}$

$\frac{4}{5} = \frac{12}{15}$

3. Sume normalmente: $\qquad\qquad\qquad\qquad\qquad\qquad$ $\frac{22}{15}$

Pregunta de prueba

#2. $\frac{5}{8} + \frac{3}{4}$

SUMANDO NÚMEROS MIXTOS

Números mixtos, usted recuerda, consisten de un número entero y una fracción. Para sumar números mixtos:

1. Sume las partes fraccionales de los números mixtos. (Si tienen denominadores diferentes, primero trate de elevarlos a términos mayores para que tengan el mismo denominador.)

2. Si la suma es una fracción impropia, cámbiela a un número mixto.

3. Sume los números enteros de los originales números mixtos.

4. Sume los resultados de los pasos 2 y 3.

Ejemplo: $2\frac{3}{5} + 1\frac{4}{5}$

1. Sume las partes fraccionales de los números mixtos: $\qquad$ $\frac{3}{5} + \frac{4}{5} = \frac{7}{5}$

2. Cambie la fracción impropia en un número mixto: $\qquad$ $\frac{7}{5} = 1\frac{2}{5}$

3. Sume los números enteros de los originales números mixtos: $\qquad$ $2 + 1 = 3$

4. Sume los resultados de los pasos 2 y 3: $\qquad$ $1\frac{2}{5} + 3 = 4\frac{2}{5}$

Pregunta de prueba
#3. $4\frac{2}{3} + 1\frac{2}{3}$

PRÁCTICA

Sumar y restar.

_____ **1.** $\frac{2}{5} + \frac{1}{5}$

_____ **2.** $\frac{3}{4} + \frac{1}{4}$

_____ **3.** $\frac{7}{8} + \frac{3}{8} + \frac{5}{8}$

_____ **4.** $3\frac{4}{5} + \frac{2}{5}$

_____ **5.** $5\frac{3}{4} + \frac{1}{6}$

_____ **6.** $2\frac{1}{3} + 3\frac{1}{2}$

_____ **7.** $18\frac{3}{4} + 1\frac{1}{4}$

_____ **8.** $1\frac{7}{8} + \frac{3}{4} + 2$

_____ **9.** $1\frac{1}{5} + 2\frac{2}{3} + \frac{4}{15}$

_____ **10.** $2\frac{3}{4} + 3\frac{1}{6} + 4\frac{1}{12}$

RESTANDO FRACCIONES

Como en la suma, si las fracciones que está restando tienen los mismos denominadores, simplemente reste el segundo numerador del primer numerador y escriba el resultado sobre el mismo denominador.

Ejemplo: $\frac{4}{9} - \frac{3}{9} = \frac{4-3}{9} = \frac{1}{9}$

Pregunta de prueba

#4: $\frac{5}{8} - \frac{3}{8}$

Para restar fracciones con diferentes denominadores, incremente algunas o todas de las fracciones a términos mayores para que todas tengan el mismo denominador, o **común denominador**, y luego haga la resta. Como en la suma o adición, muy a menudo en la resta o sustracción, es más rápido hacer la operación usando el LCD en lugar de otro común denominador.

Ejemplo: $\frac{5}{6} - \frac{3}{4}$

1. Encuentre el LCD. El número más pequeño que divide an ambos denominadores es 12. La manera más fácil de encontrarlo es verificando la tabla de multiplicación del 6, el denominador más grande.
2. Incremente cada fracción 12 veces, el LCD:
3. Reste normalmente:

$$
\begin{aligned}
\frac{5}{6} &= \frac{10}{12} \\
-\frac{3}{4} &= \frac{9}{12} \\
\hline
&\ \ \frac{1}{12}
\end{aligned}
$$

Pregunta de prueba

#5. $\frac{3}{4} - \frac{2}{5}$

RESTANDO NÚMEROS MIXTOS

Para restar números mixtos:

1. Si la segunda fracción es menor que la primera, réstela de la primera fracción. Caso contrario, tendrá que "prestarse" (se lo explicará más tarde) antes de sustraer las fracciones.

2. Reste el segundo del primer número entero.

3. Sume los resultados de los pasos 1 y 2.

Ejemplo: $4\frac{3}{5} - 1\frac{2}{5}$

1. Restar las fracciones: $\qquad\qquad\qquad\qquad\qquad\qquad\qquad$ $\frac{3}{5} - \frac{2}{5} = \frac{1}{5}$

2. Restar los números enteros: $\qquad\qquad\qquad\qquad\qquad$ $4 - 1 = 3$

3. Sumar los resultados de los pasos 1 y 2: $\qquad\qquad$ $\frac{1}{5} + 3 = 3\frac{1}{5}$

Cuando la segunda fracción es más grande que la primera, usted tendrá que hacer un paso extra antes de poder restar las fracciones.

Ejemplo: $7\frac{3}{5} - 2\frac{4}{5}$

1. Usted no puede restar las fracciones tal y como son porque $\frac{4}{5}$ es mayor que $\frac{3}{5}$.

    Entonces usted se tiene que "prestar":

    - Escriba que el 7 parte de $7\frac{3}{5}$ como $6\frac{5}{5}$: $\qquad\qquad\qquad$ $7 = 6\frac{5}{5}$

      (Nota: quintas son usadas porque 5 es el denominador en $7\frac{3}{5}$; también $6\frac{5}{5} = 6 + \frac{5}{5} = 7$.)

    - Luego añada nuevamente las $\frac{3}{5}$ partes de $7\frac{3}{5}$: $\qquad$ $7\frac{3}{5} = 6\frac{5}{5} + \frac{3}{5} = 6\frac{8}{5}$

2. Ahora tiene una versión diferente del problema original: $\qquad$ $6\frac{8}{5} - 2\frac{4}{5}$

3. Reste las partes fraccionales de los dos números enteros: $\qquad$ $\frac{8}{5} - \frac{4}{5} = \frac{4}{5}$

4. Reste los números enteros de los números mixtos: $\qquad\qquad$ $6 - 2 = 4$

5. Sume los resultados de los últimos dos pasos: $\qquad\qquad\quad$ $4 + \frac{4}{5} = 4\frac{4}{5}$

Pregunta de prueba

#6. $5\frac{1}{3} - 1\frac{3}{4}$

PRÁCTICA

Reste y reduzca.

_____11. $\frac{5}{6} - \frac{1}{6}$

_____12. $\frac{7}{8} - \frac{3}{8}$

_____13. $\frac{7}{15} - \frac{4}{15}$

_____14. $\frac{2}{3} - \frac{3}{5}$

_____15. $\frac{4}{3} - \frac{14}{15}$

_____16. $\frac{7}{8} - \frac{1}{4} - \frac{1}{2}$

_____17. $2\frac{4}{5} - 1$

_____18. $3 - \frac{7}{9}$

_____19. $2\frac{2}{3} - \frac{1}{4}$

_____20. $4\frac{1}{3} - 2\frac{3}{4}$

Técnicas Adquiridas

La próxima vez que usted y su amigo decidan juntar su dinero para comprar algo, determinen que fracción del costo total cada uno tendrá que aportar. ¿Será el costo implementado equitativamente: $\frac{1}{2}$ para que pague su amigo y $\frac{1}{2}$ para que usted pague? ¿O si su amigo es más rico que usted y se ofrece pagar $\frac{2}{3}$ del total, la suma total equivale a 1? ¿Puede pagar por su compra si la suma total de sus partes no es 1?

RESPUESTAS

PROBLEMAS DE PRÁTICA

1. $\frac{3}{5}$	6. $5\frac{5}{6}$	11. $\frac{2}{3}$	16. $\frac{1}{8}$
2. 1	7. 20	12. $\frac{1}{2}$	17. $1\frac{4}{5}$
3. $1\frac{5}{8}$ or $\frac{17}{8}$	8. $4\frac{5}{8}$	13. $\frac{1}{5}$	18. $2\frac{2}{9}$
4. $4\frac{1}{5}$	9. $4\frac{2}{15}$	14. $\frac{1}{15}$	19. $2\frac{5}{12}$
5. $5\frac{11}{12}$	10. 10	15. $\frac{2}{5}$	20. $1\frac{7}{12}$

Pregunta de prueba #1

$$\frac{5}{8} + \frac{7}{8} = \frac{5+7}{8} = \frac{12}{8}$$

The result of $\frac{12}{8}$ can be reduced to $\frac{3}{2}$, leaving it as an improper fraction, or it can then be changed to a mixed number, $1\frac{1}{2}$. Both answers ($\frac{3}{2}$ and $1\frac{1}{2}$) are correct.

Pregunta de prueba #2

1. Find the LCD:
   The smallest number that both bottom numbers divide into evenly is 8, the larger of the two bottom numbers.

2. Raise $\frac{3}{4}$ to 8ths, the LCD: $\qquad\qquad\qquad$ $\frac{3}{4} = \frac{6}{8}$

3. Add as usual: $\qquad\qquad\qquad\qquad\qquad$ $\frac{5}{6} + \frac{6}{8} = \frac{11}{8}$

4. Optional: change $\frac{11}{8}$ to a mixed number. $\qquad$ $\frac{11}{8} = 1\frac{3}{8}$

Pregunta de prueba #3

1. Add the fractional parts of the mixed numbers: $\qquad$ $\frac{2}{3} + \frac{2}{3} = \frac{4}{3}$

2. Change the improper fraction into a mixed number: $\qquad$ $\frac{4}{3} = 1\frac{1}{3}$

3. Add the whole number parts of the original mixed numbers: $\quad$ $4 + 1 = 5$

4. Add the results of steps 2 and 3: $\qquad\qquad$ $1\frac{1}{3} + 5 = 6\frac{1}{3}$

Pregunta de prueba #4

$$\frac{5}{8} - \frac{3}{8} = \frac{5-3}{8} = \frac{2}{8}, \text{ which reduces to } \frac{1}{4}$$

Pregunta de prueba #5

1. Find the LCD: Multiply the bottom numbers: $\qquad$ $4 \times 5 = 20$

2. Raise each fraction to 20ths, the LCD: $\qquad\qquad$ $\frac{3}{4} = \frac{15}{20}$

3. Subtract as usual: $\qquad\qquad\qquad\qquad\qquad$ $-\frac{2}{5} = \frac{8}{20}$

$$\qquad\qquad\qquad\qquad\qquad\qquad\qquad\qquad\quad \frac{7}{20}$$

Pregunta de prueba #6

1. You can't subtract the fractions the way they are because $\frac{3}{4}$ is bigger than $\frac{1}{3}$.

    So you have to "borrow":

    - Rewrite the 5 part of $5\frac{1}{3}$ as $4\frac{3}{3}$: $5 = 4\frac{3}{3}$
      (Note: thirds are used because 3 is the bottom
      number in $5\frac{1}{3}$; also, $4\frac{3}{3} = 4 + \frac{3}{3} = 5$.)

    - Then add back the $\frac{1}{3}$ part of $5\frac{1}{3}$: $5\frac{1}{3} = 4\frac{3}{3} + \frac{1}{3} = 4\frac{4}{3}$

2. Now you have a different version of the original problem: $4\frac{4}{3} - 1\frac{3}{4}$

3. Subtract the fractional parts of the two mixed numbers after
    raising them both to 12ths:

    $$\begin{array}{r} \frac{4}{3} = \frac{16}{12} \\ -\frac{3}{4} = \frac{9}{12} \\ \hline \frac{7}{12} \end{array}$$

4. Subtract the whole number parts of the two mixed numbers: $4 - 1 = 3$

5. Add the results of the last two steps together: $3 + \frac{7}{12} = 3\frac{7}{12}$

L·E·C·C·I·Ó·N

MULTIPLICANDO Y DIVIDIENDO FRACCIONES

4

RESUMEN DE LA LECCIÓN

Esta lección de fracciones se enfoca en la multiplicación y la división de fracciones y números mixtos.

 fortunadamente, multiplicar y dividir fracciones es más fácil que sumar y restarlas. Cuando multiplique puede simplemente multiplicar ambos numeradores y ambos denominadores. Para dividir fracciones, usted tiene que invertir y multiplicar. Naturalmente, hay pasos adicionales para la multiplicación y división de números mixtos. Siga leyendo.

MULTIPLICANDO FRACCIONES

Multiplicar por una fracción propia es como hallar la parte de algo. Por ejemplo, suponga que una pizza individual es cortada en 4 porciones. Cada porción representa $\frac{1}{4}$ de la pizza. Si usted come $\frac{1}{2}$ porción, entonces usted ha comido $\frac{1}{2}$ de $\frac{1}{4}$ de pizza, es decir $\frac{1}{2} \times \frac{1}{4}$ de pizza (de significa multiplicar), que es lo mismo que $\frac{1}{8}$ de la pizza entera.

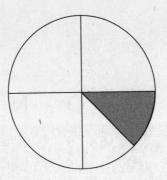

MULTIPLICANDO FRACCIONES POR FRACCIONES

Para multiplicar fracciones:

1. Multiplique los numeradores para obtener el numerador de la respuesta.
2. Multiplique los numeradores para obtener el numerador de la respuesta.

Ejemplo: $\frac{1}{2} \times \frac{1}{4}$

1. Multiplique los numeradores:
2. Multiplique los denominadores:

$$\frac{1 \times 1}{2 \times 4} = \frac{1}{8}$$

Ejemplo: $\frac{1}{3} \times \frac{3}{5} \times \frac{7}{4}$

1. Multiplique los numeradores:
2. Multiplique los denominadores:

$$\frac{1 \times 3 \times 7}{3 \times 5 \times 4} = \frac{21}{60}$$

3. Reduzca:

$$\frac{21 \div 3}{60 \div 3} = \frac{7}{20}$$

Ahora trate usted. Las respuestas a las preguntas de prueba están al final de la lección.

Pregunta de prueba

#1. $\frac{2}{5} \times \frac{3}{4}$

PRÁCTICA

Multiplicar y reducir.

_____ **1.** $\frac{1}{5} \times \frac{1}{3}$

_____ **2.** $\frac{1}{4} \times \frac{3}{10}$

_____ **3.** $\frac{7}{9} \times \frac{3}{5}$

_____ **4.** $\frac{5}{6} \times \frac{5}{7}$

_____ **5.** $\frac{3}{11} \times \frac{11}{12}$

_____ **6.** $\frac{4}{5} \times \frac{4}{5}$

_____ **7.** $\frac{2}{21} \times \frac{7}{2}$

_____ **8.** $\frac{2}{5} \times \frac{2}{3}$

_____ **9.** $\frac{5}{9} \times \frac{3}{15}$

_____ **10.** $\frac{8}{9} \times \frac{3}{12}$

Técnica de cancelación rápida

Algunas veces usted podrá cancelar antes de multiplicar. Cancelar es una técnica rápida que agiliza la multiplicación porque uno trabaja con números pequeños. Cancelar es lo mismo que reducir: si hay un número que divide igualmente al numerador y al denominador, haga esa división antes de multiplicar. A propósito, si se olvida de cancelar, no se preocupe. Usted igual obtendrá la respuesta correcta, pero tiene que reducirla.

Ejemplo: $\frac{5}{6} \times \frac{9}{20}$

1. Cancele el 6 y el 9 dividiendo ambos entre 3:
   $6 \div 3 = 2$ y $9 \div 3 = 3$. Tache el 6 y el 9.
2. Cancele el 5 y el 20 dividiendo ambos entre 5:
   $5 \div 5 = 1$ y $20 \div 5 = 4$. Tache el 5 y el 20.
3. 3. Multiplique transversalmente los numeradores y los denominadores: $\frac{1 \times 3}{2 \times 4} = \frac{3}{8}$

Pregunta de prueba

#2. $\frac{4}{9} \times \frac{15}{22}$

PRÁCTICA

Esta vez, cancele antes de multiplicar. Si hace todas las cancelaciones, no tendrá que reducir su resultado o respuesta.

_____11. $\frac{1}{4} \times \frac{2}{3}$　　　　_____16. $\frac{12}{36} \times \frac{27}{30}$

_____12. $\frac{2}{3} \times \frac{5}{8}$　　　　_____17. $\frac{1}{5} \times \frac{2}{3} \times \frac{5}{2}$

_____13. $\frac{3}{4} \times \frac{8}{9}$　　　　_____18. $\frac{2}{3} \times \frac{4}{7} \times \frac{3}{5}$

_____14. $\frac{7}{24} \times \frac{32}{63}$　　　　_____19. $\frac{8}{13} \times \frac{52}{24} \times \frac{3}{4}$

_____15. $\frac{300}{5000} \times \frac{200}{7000} \times \frac{100}{3}$　　　　_____20. $\frac{1}{2} \times \frac{2}{3} \times \frac{3}{4} \times \frac{4}{5}$

MULTIPLICANDO FRACCIONES POR NÚMEROS ENTEROS

Para multiplicar una fracción por un número entero:

1. Covierta el número entero en una fracción poniendo como su denominador el 1.
2. Multiplique normalmente.

Ejemplo: $5 \times \frac{2}{3}$

1. Convierta al 5 en fracción: $\qquad 5 = \frac{5}{1}$

2. Multiplique las fracciones: $\qquad \frac{5}{1} \times \frac{2}{3} = \frac{10}{3}$

3. Opcional: Cambie el resultado $\frac{10}{3}$ a un número mixto. $\qquad \frac{10}{3} = 3\frac{1}{3}$

Pregunta de prueba
#3. $\frac{5}{8} \times 24$

PRÁCTICA

Cancele donde sea posible, multiplique, y reduzca. Si es posible convierta sus resultados en números mixtos.

_____**21.** $5 \times \frac{2}{5}$ _____**26.** $16 \times \frac{7}{24}$

_____**22.** $2 \times \frac{3}{4}$ _____**27.** $\frac{13}{40} \times 20$

_____**23.** $3 \times \frac{5}{6}$ _____**28.** $5 \times \frac{9}{10} \times 2$

_____**24.** $\frac{7}{24} \times 12$ _____**29.** $45 \times \frac{7}{15}$

_____**25.** $\frac{3}{5} \times 10$ _____**30.** $\frac{1}{3} \times 24 \times \frac{5}{16}$

¿Se ha podido dar cuenta de que multiplicando cualquier número por una fracción propia da como resultado un número más pequeño? Es el opuesto del resultado que uno obtiene multiplicando números enteros. Eso se debe a que multiplicar por una fracción propia es lo mismo que encontrar la parte de algo.

MULTIPLICACIÓN ENTRE NÚMEROS MIXTOS
Para multiplicar números mixtos conviértalos en fracciones impropias y multiplique.

Ejemplo: $4\frac{2}{3} \times 5\frac{1}{2}$

1. Convierta $4\frac{2}{3}$ en una fracción impropia: $\qquad 4\frac{2}{3} = \frac{4 \times 3 + 2}{3} = \frac{14}{3}$

2. Convierta $5\frac{1}{2}$ en una fracción impropia: $\qquad 5\frac{1}{2} = \frac{5 \times 2 + 1}{2} = \frac{11}{2}$

3. Multiplique las fraciones: $\qquad \frac{\overset{7}{\cancel{14}}}{3} \times \frac{11}{\underset{1}{\cancel{2}}}$

   Note que usted puede cancelar el 14 y el 2 al dividirlos entre 2.

4. Opcional: Convierta la fracción impropia en un número mixto. $\qquad \frac{77}{3} = 25\frac{2}{3}$

Pregunta de prueba

#4. $\frac{1}{2} \times 1\frac{3}{4}$

PRÁCTICA

Multiplique y reduzca. Convierta las fracciones impropias en números mixtos o enteros.

_____**31.** $2\frac{2}{3} \times \frac{2}{5}$

_____**32.** $\frac{2}{11} \times 1\frac{3}{8}$

_____**33.** $3 \times 2\frac{1}{3}$

_____**34.** $1\frac{1}{5} \times 10$

_____**35.** $\frac{5}{14} \times 4\frac{9}{10}$

_____**36.** $\frac{4}{7} \times 2\frac{1}{24}$

_____**37.** $1\frac{1}{3} \times \frac{2}{3}$

_____**38.** $2\frac{8}{10} \times \frac{10}{21}$

_____**39.** $4\frac{1}{2} \times 2\frac{1}{3}$

_____**40.** $1\frac{1}{2} \times 2\frac{2}{3} \times 3\frac{3}{5}$

DIVIDIENDO FRACCIONES

Dividir significa encontrar cuántas veces una cantidad puede ser contenida y encontrada en otra cantidad, ya sea que usted trabaje con fracciones o no. De hecho, para encontrar cuántos $\frac{1}{4}$ de libra puede uno obtener de un queso de 2 libras, uno tiene que dividir 2 entre $\frac{1}{4}$. Como podra ver en la figura, una queso de 2 libras puede ser dividido en ocho porciones de $\frac{1}{4}$. $(2 \div \frac{1}{4} = 8)$

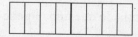

DIVIDIENDO FRACCIONES ENTRE FRACCIONES

Para dividir una fracción entre otra segunda fracción, invierta la segunda fracción (es decir, vuelque el numerador y el denominador) y luego multiplique.

Ejemplo: $\frac{1}{2} \div \frac{3}{5}$

1. Invierta la segunda fracción $(\frac{3}{5})$:　　　　　　　　　　　　　　　　　$\frac{5}{3}$

2. Cambie $\div$ por $\times$ y multiplique la primera fracción por la segunda nueva fracción:　　$\frac{1}{2} \times \frac{5}{3} = \frac{5}{6}$

Pregunta de prueba

#5. $\frac{2}{5} \div \frac{3}{10}$

Otro formato para la división

Muchas veces la división de fracciones está escrita de otra manera. Por ejemplo, $\frac{1}{2} \div \frac{3}{5}$ puede también ser escrita como $\frac{\frac{2}{2}}{\frac{3}{5}}$. De todas maneras, y no importando qué formato se use, la respuesta es la misma.

Fracciones recíprocas

Invertir una fracción, como lo hacemos para la división, es lo mismo que encontrar el recíproco de esa fracción. Por ejemplo, $\frac{3}{5}$ y $\frac{5}{3}$ son recíprocos. El producto de una fracción y su recíproco es 1. Por consiguiente, $\frac{3}{5} \times \frac{5}{3} = 1$.

PRÁCTICA

Divida y reduzca, cancelando donde sea posible. Convierta fracciones impropias en números mixtos y enteros.

_____**41.** $\frac{2}{3} \div \frac{3}{4}$

_____**42.** $\frac{2}{7} \div \frac{2}{5}$

_____**43.** $\frac{1}{2} \div \frac{3}{4}$

_____**44.** $\frac{3}{4} \div \frac{1}{2}$

_____**45.** $\frac{1}{2} \div \frac{1}{3}$

_____**46.** $\frac{5}{14} \div \frac{5}{14}$

_____**47.** $\frac{9}{25} \div \frac{3}{5}$

_____**48.** $\frac{45}{49} \div \frac{27}{35}$

_____**49.** $\frac{8}{13} \div \frac{4}{7}$

_____**50.** $\frac{7500}{7000} \div \frac{250}{140}$

¿Se ha dado cuenta de que el resultado de la dividisión de un número entre una fracción impropia es mayor que el mismo número? Es lo opuesto del resultado que uno obtiene al dividir números enteros.

DIVIDIENDO FRACCIONES ENTRE NÚMEROS ENTEROS Y VICE VERSA

Para dividir una fracción entre un número entero, o vice versa, convierta el número entero en fracción poniéndolo sobre 1 y luego divida normalmente.

Ejemplo: $\frac{3}{5} \div 2$

1. Convierta el número entero (2) en una fracción: $2 = \frac{2}{1}$

2. Invierta la segunda fracción ($\frac{2}{1}$): $\frac{1}{2}$

3. Convierta ÷ en × y multiplique las dos fracciones: $\frac{3}{5} \times \frac{1}{2} = \frac{3}{10}$

Ejemplo: $2 \div \frac{3}{5}$

1. Convierta el número entero (2) en una fracción: $\qquad 2 = \frac{2}{1}$

2. Invierta la segunda fracción ($\frac{3}{5}$): $\qquad \frac{5}{3}$

3. Convierta la ÷ en × y multiplique las dos fracciones: $\qquad \frac{2}{1} \times \frac{5}{3} = \frac{10}{3}$

4. Opcional: convierta la fracción impropia en un número mixto. $\qquad \frac{10}{3} = 3\frac{1}{3}$

¿Pudo notar que el orden de la división hace la diferencia? $\frac{3}{5} \div 2$ no es lo mismo que $2 \div \frac{3}{5}$. Ya que lo mismo es verdad en la división de números enteros: $4 \div 2$ no es lo mismo que $2 \div 4$.

PRÁCTICA

Divida, cancelando donde sea posible, y reduzca. Cambie las fracciones impropias por números mixtos o enteros.

_____ **51.** $2 \div \frac{3}{4}$

_____ **52.** $\frac{2}{7} \div 2$

_____ **53.** $1 \div \frac{3}{4}$

_____ **54.** $\frac{3}{4} \div 6$

_____ **55.** $\frac{1}{2} \div 3$

_____ **56.** $14 \div \frac{3}{14}$

_____ **57.** $\frac{25}{36} \div 5$

_____ **58.** $49 \div \frac{28}{29}$

_____ **59.** $35 \div \frac{7}{18}$

_____ **60.** $\frac{1800}{12} \div 900$

DIVIDIENDO ENTRE NÚMEROS MIXTOS

Para dividir números mixtos, cambie cada uno de ellos an fraciones impropias y luego divídalos normalmente.

Ejemplo: $2\frac{3}{4} \div \frac{1}{6}$

1. Convierta $2\frac{3}{4}$ en una fracción impropia: $\qquad 2\frac{3}{4} = \frac{2 \times 4 + 3}{4} = \frac{11}{4}$

2. Escriba el problema de división: $\qquad \frac{11}{4} \div \frac{1}{6}$

3. Invierta $\frac{1}{6}$ y multiplique: $\qquad \overset{}{\underset{2}{\frac{11}{4}}} \times \overset{3}{\frac{6}{1}} = \frac{11 \times 3}{2 \times 1} = \frac{33}{2}$

4. Opcional: Convierta la fracción impropia en número mixto.

$$\frac{33}{2} = 16\frac{1}{2}$$

Pregunta de prueba

#6. $1\frac{1}{2} \div 2$

PRÁCTICA

Divida, cancelando donde sea posible, y reduzca. Convierta las fracciones impropias por números mixtos o enteros.

_____ **61.** $2\frac{1}{2} \div \frac{3}{4}$

_____ **62.** $\frac{2}{5} \div 2\frac{1}{2}$

_____ **63.** $1 \div 1\frac{3}{4}$

_____ **64.** $2\frac{2}{3} \div \frac{5}{6}$

_____ **65.** $3\frac{1}{2} \div 3$

_____ **66.** $6 \div 1\frac{1}{3}$

_____ **67.** $1\frac{3}{4} \div 8\frac{3}{4}$

_____ **68.** $3\frac{2}{5} \div 6\frac{4}{5}$

_____ **69.** $2\frac{1}{3} \div 3\frac{1}{2}$

_____ **70.** $2\frac{3}{4} \div 1\frac{1}{2}$

Técnicas Adquiridas

Compre una pequeña bolsa de dulces (o galletas o cualquier otra cosa de su gusto) como recompensa por haber completado esta lección. Antes de comer el contenido de lo que compró, vacíe la bolsa y cuente cuántos dulces hay en la bolsa. Escriba este número. Reúnase con sus amigos o familiares que quieran compartir los dulces. Divida igualmente los dulces entre usted y ellos. Si el número total de dulces no es divisible entre 4, quizás tenga que cortar algunos en mitades o en cuartos; lo que significa que usted tendrá que dividir usando fracciones, lo que es una gran práctica. Escriba la ecuación que muestre la fracción de dulces que cada uno recibió de la cantidad total.

RESPUESTAS

PROBLEMAS DE PRÁCTICA

1. $\frac{1}{15}$

2. $\frac{3}{40}$

3. $\frac{7}{15}$

4. $\frac{25}{42}$

5. $\frac{1}{4}$

6. $\frac{16}{25}$

7. $\frac{1}{3}$

8. $\frac{4}{15}$

9. $\frac{1}{9}$

10. $\frac{2}{9}$

11. $\frac{1}{6}$

12. $\frac{5}{12}$

13. $\frac{2}{3}$

14. $\frac{4}{27}$

15. $\frac{2}{35}$

16. $\frac{3}{10}$

17. $\frac{1}{3}$

18. $\frac{8}{35}$

19. 1

20. $\frac{1}{5}$

21. 2

22. $1\frac{1}{2}$

23. $2\frac{1}{2}$

24. $3\frac{1}{2}$

25. 6

26. $4\frac{2}{3}$

27. $6\frac{1}{2}$

28. 9

29. 21

30. $2\frac{1}{2}$

31. $1\frac{1}{15}$

32. $\frac{1}{4}$

33. 7

34. 12

35. $1\frac{3}{4}$

36. $1\frac{1}{6}$

37. $\frac{8}{9}$

38. $1\frac{1}{3}$

39. $10\frac{1}{2}$

40. $14\frac{2}{5}$

41. $\frac{8}{9}$

42. $\frac{5}{7}$

43. $\frac{2}{3}$

44. $1\frac{1}{2}$

45. $1\frac{1}{2}$

46. 1

47. $\frac{3}{5}$

48. $1\frac{4}{21}$

49. $1\frac{1}{13}$

50. $\frac{3}{5}$

51. $2\frac{2}{3}$

52. $\frac{1}{7}$

53. $1\frac{1}{3}$

54. $\frac{1}{8}$

55. $\frac{1}{6}$

56. $65\frac{1}{3}$

57. $\frac{5}{36}$

58. $50\frac{3}{4}$

59. 90

60. $\frac{1}{6}$

61. $3\frac{1}{3}$

62. $\frac{4}{25}$

63. $\frac{4}{7}$

64. $3\frac{1}{5}$

65. $1\frac{1}{6}$

66. $4\frac{1}{2}$

67. $\frac{1}{5}$

68. $\frac{1}{2}$

69. $\frac{2}{3}$

70. $1\frac{5}{6}$

Pregunta de prueba #1

1. Multiply the top numbers: $2 \times 3 = 6$
2. Multiply the bottom numbers: $5 \times 4 = 20$
3. Reduce: $\frac{6}{20} = \frac{3}{10}$

Pregunta de prueba #2

1. Cancel the 4 and the 22 by dividing 2 into both of them:
   $4 \div 2 = 2$ and $22 \div 2 = 11$. Cross out the 4 and the 22.

   $\frac{\overset{2}{\cancel{4}}}{9} \times \frac{15}{\underset{11}{\cancel{22}}}$

2. Cancel the 9 and the 15 by dividing 3 into both of them:
   $9 \div 3 = 3$ and $15 \div 3 = 5$. Cross out the 9 and the 15.

   $\frac{\overset{2}{\cancel{4}}}{\underset{3}{\cancel{9}}} \times \frac{\overset{5}{\cancel{15}}}{\underset{11}{\cancel{22}}}$

3. Multiply across the new top numbers and the new bottom numbers:

   $\frac{2 \times 5}{3 \times 11} = \frac{10}{33}$

Pregunta de prueba #3

1. Rewrite 24 as a fraction: $24 = \frac{24}{1}$

2. Multiply the fractions:

   Cancel the 8 and the 24 by dividing both of them by 8;
   then multiply across the new numbers.

   $\frac{5}{\underset{1}{\cancel{8}}} \times \frac{\overset{3}{\cancel{24}}}{1} = \frac{15}{1} = 15$

Pregunta de prueba #4

1. Change $1\frac{3}{4}$ to an improper fraction: $1\frac{3}{4} = \frac{1 \times 4 + 3}{4} = \frac{7}{4}$

2. Multiply the fractions: $\frac{1}{2} \times \frac{7}{4} = \frac{7}{8}$

Pregunta de prueba #5

1. Invert the second fraction ($\frac{3}{10}$): $\frac{10}{3}$

2. Change $\div$ to $\times$ and multiply the first fraction by the new
   second fraction: $\frac{2}{\underset{1}{\cancel{5}}} \times \frac{\overset{2}{\cancel{10}}}{3} = \frac{4}{3}$

3. Optional: Change the improper fraction to a mixed number. $\frac{4}{3} = 1\frac{1}{3}$

Pregunta de prueba #6

1. Change $1\frac{1}{2}$ to an improper fraction: $1\frac{1}{2} = \frac{1 \times 2 + 1}{2} = \frac{3}{2}$

2. Change the whole number (2) into a fraction: $2 = \frac{2}{1}$

3. Rewrite the division problem: $\frac{3}{2} \div \frac{2}{1}$

4. Invert $\frac{2}{1}$ and multiply: $\frac{3}{2} \times \frac{1}{2} = \frac{3}{4}$

TÉCNICAS RÁPIDAS Y PROBLEMAS ESCRITOS

5

RESUMEN DE LA LECCIÓN

Esta lección final está dedicada a las técnicas rápidas usadas para la adición, sustracción, multiplicación y división de fracciones, además presenta problemas escritos.

La primera parte de esta lección le mostrará algunas de las técnicas rápidas para resolver problemas aritméticos de fracciones. El resto de la lección hace una revisión de todas las lecciones de fracciones presentadas a usted haciendo uso de problemas escritos. Problemas escritos de fracciones son de muy especial importancia ya que se presentan con frecuencia en la vida diaria, como podrá observar en las situaciones presentadas en los problemas.

TÉCNICA RÁPIDA PARA LA ADICIÓN Y SUSTRACCIÓN

En lugar de perder tiempo buscando al común denominador (LCD) cuando esté sumando o restando, trate este truco, "multiplicación cruzada", para sumar y restar fracciones rápidamente:

Ejemplo: $\frac{5}{6} + \frac{3}{8} = ?$

1. Numerador: "multiplicación cruzada" 5×8 y 6×3; luego sumar:

2. Denominador: multiplicar 6×8, los dos denominadores:

3. Reducir:

$$\frac{5}{6} \times \frac{3}{8} = \frac{40 + 18}{48}$$

$$= \frac{58}{48} = \frac{29}{24}$$

Cuando use la técnica rápida para la sustracción, tiene que tener cuidado con el orden en que resta: Comience el proceso de la "multiplicación cruzada" con el numerador de la primera fracción. (La clave que le ayudará a recordar dónde empezar es pensar en como usted lee. Comienza de arriba, izquierda—donde usted encontrará el número que comenzará el proceso, el numerador de la primera fracción.)

Ejemplo: $\frac{5}{6} - \frac{3}{4} = ?$

1. Numerador: multiplicación cruzada 5×4 y reste 3×6:

2. Denominador: multiplique 6×4, los dos denominadores:

3. Reduzca:

$$\frac{5}{6} \times \frac{3}{4} = \frac{20 - 18}{24}$$

$$= \frac{2}{24} = \frac{1}{12}$$

Ahora trate usted. Compare sus respuestas con las de las soluciones paso a paso al final de la lección.

Pregunta de prueba

#1. $\frac{2}{3} - \frac{3}{5}$

PRÁCTICA

Use la técnica aprendida para sumar y restar; luego reduzca si es posible. Convierta las fracciones impropias en números mixtos.

_____ **1.** $\frac{1}{2} + \frac{3}{5}$

_____ **2.** $\frac{2}{7} + \frac{3}{4}$

_____ **3.** $\frac{5}{6} + \frac{3}{4}$

_____ **4.** $\frac{1}{4} + \frac{3}{8}$

_____ **5.** $\frac{5}{6} + \frac{4}{9}$

_____ **6.** $\frac{2}{3} - \frac{7}{12}$

_____ **7.** $\frac{2}{3} - \frac{1}{5}$

_____ **8.** $\frac{2}{9} - \frac{1}{8}$

_____ **9.** $\frac{1}{2} - \frac{3}{7}$

_____ **10.** $\frac{3}{4} - \frac{3}{5}$

TÉCNICA RÁPIDA PARA LA DIVISIÓN: *EXTREMES OVER MEANS*

Extremes over means es una manera rápida de dividir entre fracciones. Este concepto es mejor explicado a través de ejemplos, digamos $\frac{5}{7} \div \frac{2}{3}$. Pero primero re-escribamos el ejemplo como $\frac{\frac{5}{7}}{\frac{2}{3}}$ e introduzcamos dos definiciones:

Extremes: $\frac{\frac{5}{7}}{\frac{2}{3}}$ Means:
The numbers that are *extremely* far apart   The numbers that are close together

Veamos como hacerlo:

1. Multiple los extremos para obtener el numerador de la respuesta:
2. Multiplique los medios para obtener el denominador de las respuesta: $\frac{5 \times 3}{7 \times 2} = \frac{15}{14}$

Inclusive usted puede usar extremos sobre medios cuando un número es entero o mixto. Primero cambie el número entero o mixto a fracción y luego use la técnica rápida.

Ejemplo: $\frac{2}{\frac{3}{4}}$

1. Convierta el 2 en una fracción y re-escriba la división: $\frac{\frac{2}{1}}{\frac{3}{4}}$

2. Multiplique los extremos para obtener el numerador de la respuesta: $\frac{2 \times 4}{1 \times 3} = \frac{8}{3}$
3. Multiplique los medios para obtener el denominador de la respuesta:
4. Opcional: convierta la fracción impropia en un número mixto: $\frac{8}{3} = 2\frac{2}{3}$

Pregunta de prueba

#3. $\dfrac{3\frac{1}{2}}{1\frac{3}{4}}$

PRÁCTICA

Use extremos y medios para dividir, reduzca si es posible. Convierta fracciones impropias en números mixtos.

_____**11.** $\frac{1}{2} \div \frac{3}{4}$

_____**12.** $\frac{2}{7} \div \frac{4}{7}$

_____**13.** $\frac{1}{3} \div \frac{3}{4}$

_____**14.** $6 \div \frac{1}{2}$

_____**15.** $3\frac{1}{2} \div 2$

_____**16.** $7 \div 1\frac{3}{4}$

_____**17.** $1\frac{2}{3} \div \frac{5}{6}$

_____**18.** $2\frac{2}{9} \div 1\frac{1}{9}$

_____**19.** $1 \div 3\frac{1}{2}$

_____**20.** $2\frac{1}{4} \div 2$

PROBLEMAS ESCRITOS

Cada grupo de preguntas se relaciona con cada capítulo estudiado. (Si usted no está familiarizado con resolver problemas escritos, vea las lecciones 15 y 16.)

ENCUENTRE LA FRACCIÓN (LECCIÓN 1)

_____**21.** John worked 14 days out of a 31-day month. What fraction of the month did he work?

_____**22.** A certain recipe calls for 3 ounces of cheese. What fraction of a 15-ounce piece of cheese is needed?

_____**23.** Alice lives 7 miles from her office. After driving 4 miles to her office, Alice's car ran out of gas. What fraction of the trip had she already driven? What fraction of the trip remained?

_____**24.** Mark had $10 in his wallet. He spent $6 for his lunch and left a $1 tip. What fraction of his money did he spend on his lunch, including the tip?

_____**25.** Frank earns $900 per month and spends $150 on rent. What fraction of his monthly pay does he spend on rent?

_____**26.** During a 30-day month, there were 8 weekend days and 1 paid holiday during which Marlene's office was closed. Marlene took off 3 days when she was sick and 2 days for personal business. If she worked the rest of the days, what fraction of the month did Marlene work?

ADICIÓN Y SUSTRACCIÓN DE FRACCIONES (LECCIÓN 3)

_____**27.** Stan drove $3\frac{1}{2}$ miles from home to work. He decided to go out for lunch and drove $1\frac{3}{4}$ miles each way to the local delicatessen. After work, he drove $\frac{1}{2}$ mile to stop at the cleaners and then drove $3\frac{2}{3}$ miles home. How many miles did he drive in total?

_____**28.** An outside wall consists of $\frac{1}{2}$ inch of drywall, $3\frac{3}{4}$ inches of insulation, $\frac{5}{8}$ inch of wall sheathing, and 1 inch of siding. How thick is the entire wall, in inches?

_____**29.** Joan's room requires $20\frac{1}{4}$ square yards of carpeting and Sam's room requires $17\frac{7}{8}$ square yards of carpeting. How many more yards of carpeting does Joan's room require? How many yards of carpeting do both rooms require altogether?

_____**30.** The length of a page in a particular book is 8 inches. The top and bottom margins are both $\frac{7}{8}$ inch. How long is the page *inside* the margins, in inches?

_____**31.** A rope is cut in half and $\frac{1}{2}$ of it is discarded. From the remaining half, $\frac{1}{4}$ is cut off and discarded. What fraction of the original rope is left?

_____**32.** Clyde took a taxi $\frac{1}{4}$ of the distance to Bonnie's house and a bus for $\frac{1}{3}$ of the distance to her house. Finally, he walked the remaining 5 miles to her house. How many miles did Clyde travel in total?

_____**33.** Howard bought 10,000 shares of VBI stock at $18\frac{1}{2}$ and sold it two weeks later at $21\frac{7}{8}$. How much of a profit did Howard realize from his stock trades, excluding commissions?

_____**34.** Barbara's recipe calls for combining $3\frac{1}{2}$ cups of flour and $2\frac{2}{3}$ cups of sugar. How many cups of the flour-sugar mixture does she have?

_____**35.** Bob was $73\frac{1}{4}$ inches tall on his 18th birthday. When he was born, he was only $19\frac{1}{2}$ inches long. How many inches did he grow in 18 years?

_____**36.** Richard needs 12 pounds of fertilizer but has only $7\frac{5}{8}$ pounds. How many more pounds of fertilizer does he need?

_____**37.** A certain test is scored by adding 1 point for each correct answer and subtracting $\frac{1}{4}$ of a point for each incorrect answer. If Jan answered 31 questions correctly and 9 questions incorrectly, what was her score?

MULTIPLICACIÓN Y DIVISIÓN DE FRACCIONES (LECCIÓN 4)

_____**38.** A dolphin can swim at a speed of 36 miles per hour, while a human being can swim about $\frac{1}{8}$ as fast. About how many miles per hour can a human being swim?

_____**39.** About $\frac{1}{3}$ of the land on the earth can be used for farming. Grain crops are grown on about $\frac{2}{5}$ of this land. What part of the earth's land is used for growing grain crops?

_____**40.** Four friends evenly split $6\frac{1}{2}$ pounds of cookies. How many pounds of cookies does each one get?

_____**41.** How many $2\frac{1}{2}$-pound chunks of cheese can be cut from a single 20-pound piece of cheese?

_____**42.** After driving $\frac{2}{3}$ of the 15 miles to work, Sergeant Stone stopped to make a phone call. How many miles had he driven when he made his call?

_____**43.** If Dorian worked $\frac{3}{4}$ of a 40-hour week, how many hours did he work?

_____**44.** Julio earns $14 an hour. When he works more than $7\frac{1}{2}$ hours a day, he gets overtime pay of $1\frac{1}{2}$ times his regular hourly wage for the extra hours. How much did he earn for working 10 hours in one day?

_____**45.** Jodi earned $22.75 for working $3\frac{1}{2}$ hours. What was her hourly wage?

_____**46.** A recipe for chocolate chip cookies calls for $3\frac{1}{2}$ cups of flour. How many cups of flour are needed to make only half the recipe?

_____**47.** Jason is preparing the layout for a newsletter that will have three equal columns of type. If the page is $8\frac{1}{2}$ inches wide and has $\frac{3}{4}$-inch margins on both sides, how many inches wide will each column be?

_____**48.** Mary Jane typed $1\frac{1}{2}$ pages of her paper in $\frac{1}{3}$ of an hour. At this rate, how many pages can she expect to type in 6 hours?

_____**49.** Bobby is barbecuing $\frac{1}{4}$-pound hamburgers for a picnic. Five of his guests will each eat 2 hamburgers, while he and one other guest will each eat 3 hamburgers. How many pounds of hamburger meat should Bobby purchase?

_____**50.** Juanita can run $3\frac{1}{2}$ miles per hour. If she runs for $2\frac{1}{4}$ hours, how far will she run, in miles?

Técnicas Adquiridas

Durante el día, busque a su alrededor cosas que puedan ser transformadas en problemas escritos. El problema tiene que relacionarse con fracciones, o sea que busque en grupos o porciones de un total o conjunto. Usted puede usar el número de lápices y bolígrafos que usted usa, o los casetes y discos compactos que hay en su colección de música. Escriba un problema y resuélvalo usando como guía los ejemplos de esta lección.

RESPUESTAS

PROBLEMAS DE PRÁCTICA

1. $1\frac{1}{10}$
2. $1\frac{1}{28}$
3. $1\frac{7}{12}$
4. $\frac{5}{8}$
5. $1\frac{5}{18}$
6. $\frac{1}{12}$
7. $\frac{7}{15}$
8. $\frac{7}{72}$
9. $\frac{1}{14}$
10. $\frac{3}{20}$
11. $\frac{2}{3}$
12. $\frac{1}{2}$
13. $\frac{4}{9}$
14. 12
15. $1\frac{3}{4}$
16. 4
17. 2
18. 2
19. $\frac{2}{7}$
20. $1\frac{1}{8}$
21. $\frac{14}{31}$
22. $\frac{1}{5}$
23. $\frac{4}{7}, \frac{3}{7}$
24. $\frac{7}{10}$
25. $\frac{1}{6}$

26. $\frac{8}{15}$
27. $11\frac{1}{6}$
28. $5\frac{7}{8}$
29. $2\frac{3}{8}, 38\frac{1}{8}$
30. $6\frac{1}{4}$
31. $\frac{3}{8}$
32. 12
33. $33,750
34. $6\frac{1}{6}$
35. $53\frac{3}{4}$
36. $4\frac{3}{8}$
37. $28\frac{3}{4}$
38. $4\frac{1}{2}$
39. $\frac{2}{15}$
40. $1\frac{5}{8}$
41. 8
42. 10
43. 30
44. $157.50
45. $6.50
46. $1\frac{3}{4}$
47. $2\frac{1}{3}$
48. 27
49. 4
50. $7\frac{7}{8}$

Preguntas de prueba #1

1. Cross-multiply 2×5 and subtract 3×3: $\frac{2}{3} - \frac{3}{5} = \frac{2 \times 5 - 3 \times 3}{15}$

2. Multiply 3×5, the two bottom numbers: $= \frac{10-9}{15} = \frac{1}{15}$

Preguntas de prueba #2

1. Change each mixed number into an improper fraction and rewrite the division problem: $\frac{7}{2}$ $\frac{7}{4}$

2. Multiply the extremes to get the top number of the answer: $\frac{7 \times 4}{2 \times 7} = \frac{28}{14}$

3. Multiply the means to get the bottom number of the answer:

4. Reduce: $\frac{28}{14} = 2$

INTRODUCCIÓN A LOS DECIMALES

6

RESUMEN DE LA LECCIÓN

La primera lección de decimales es una introducción al concepto de los decimales. Explica la relación entre decimales y fracciones, demuestra como comparar decimales y provee las herramientas de aproximación para poder estimar decimales, llamada *rounding*.

n decimal es un caso especial de fracción. Usted usa decimales cada día cuando trata con medidas o con dinero. Por ejemplo, $10.35 es un decimal que representa 10 dólares y 35 centavos. El punto decimal separa los dólares de los centavos. Ya que hay 100 centavos en un dólar, 1 centavo es $\frac{1}{100}$ de dólar, o $0.01; 10 centavos es $\frac{10}{100}$ de dólar, o $0.10; 25 centavos es $\frac{25}{100}$ de dólar, o $0.25; etc. Con respecto a las medidas, un reportaje del tiempo puede indicar que 2.7 pulgadas de lluvia caen en 4 horas, quizás tenga que conducir 5.8 millas antes de una intersección con la autopista o que la población de los Estados Unidos esté estimada a crecer a un 374.3 millones para un determinado año.

Si hay dígitos en ambos lados del punto decimal, como por ejemplo, 6.17, el número es llamado **decimal mixto**; su valor siempre es más grande que 1. En efecto, el valor de 6.17 es un poco más grande que 6. Si hay dígitos solo a la derecha del punto decimal, como por ejemplo .17, el número es llamado **decimal**; su valor es siempre menos de 1. A veces, para facilitar la lectura, estos decimales son escritos con un cero en frente del punto decimal, como por ejemplo 0.17. Está por sobre entendido que un número entero como el 6 tiene un punto decimal a sus derecha (6.).

LOS NOMBRE DE LOS DECIMALES

Cada dígito decimal a la derecha del punto decimal tiene un nombre especial. He aquí los primeros cuatro:

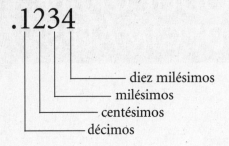

Los dígitos tienen estos nombres por una razón especial: los nombres reflejan sus equivalentes en fracciones.

$$0.1 = 1 \text{ décimo} = \tfrac{1}{10}$$
$$0.02 = 2 \text{ centésimos} = \tfrac{2}{100}$$
$$0.003 = 3 \text{ milésimos} = \tfrac{3}{1,000}$$
$$0.0004 = 4 \text{ diez milésimos} = \tfrac{4}{10,000}$$

Como podra observar, los nombres decimales están ordenados en múltiplos de 10: 10ths, 100ths, 1,000ths, 10,000ths, 100,000ths, 1,000,000ths, etc. Tenga mucho cuidado en no confundir nombres decimales con nombres de números enteros que son un tanto similares: ten, hundred, thousands, etc. (diez, cien, mil, etc.). La diferencia en como nombrarlos radica en las th, que es solo usado en los dígitos decimales.

LEYENDO UN DECIMAL

Este es un ejemplo de como leer un número decimal como 6.017:

1. El número a la izquierda del punto decimal es un número entero: 6
2. Diga la palabra "y" *(and)* para el punto decimal: and
3. El número a la derecha del punto decimal es el valor decimal.
    Léalo como: 17
4. El número de lugares al la derecha del punto decimal le dice
    el nombre del decimal. En este caso hay tres lugares: thousandths

Por consiguiente, 6.017 se lee como *six and seventeen thousandths,* y su fracción equivalente es $6\tfrac{17}{1,000}$.
He aquí cómo leer un decimal, como por ejemplo: 0.28

1. Lea el número de la derecha del punto decimal: 28
2. El número de lugares a la derecha del punto decimal le indica el
    nombre del decimal. En este caso hay dos lugares: hundredths

Por consiguiente, 0.28 (o .28) se lee como *twenty-eight hundreths,* y su fracción equivalente es $\tfrac{28}{100}$.

Usted también puede leer 0.28 como *point two eight*, pero no tiene el mismo impacto intelectual como *twenty-eight hundreths.*

Añadiendo ceros

Añadir ceros al **final** de un decimal no cambia su valor. Por ejemplo, 6.017 tiene el mismo valor que cada uno des estos decimales:

> 6.0170
> 6.01700
> 6.017000
> 6.0170000
> 6.01700000, and so forth

Recuerde que se asume que un número entero tiene un punto decimal a su derecha, el número entero 6 tiene el mismo valor que cada uno de estos:

> 6.
> 6.0
> 6.00
> 6.000, and so forth

Por otro lado, añadiendo ceros **antes** del primer dígito decimal **sí** cambia el valor de un decimal. Como por ejemplo, 6-17 no es lo mismo que 6.017.

PRÁCTICA

Escriba en palabras los siguiente números decimales.

1. 0.1 _____

2. 0.01 _____

3. 0.001 _____

4. 0.0001 _____

5. 0.00001 _____

6. 7.086 _____

7. 1.0521 _____

Escriba los siguientes ejercicios en decimales o decimales mixtos.

_____ **8.** Six tenths

_____ **9.** Six hundredths

_____ **10.** Fourteen thousandths

_____ **11.** Three hundred twenty-one thousandths

_____ **12.** Nine and six thousandths

_____ **13.** Three and one ten-thousandth

_____ **14.** Three hundred six hundred-thousandths

CONVIRTIENDO DECIMALES EN FRACCIONES

Para convertir un decimal en fracción:

1. Escriba los dígitos del decimal como el numerador de la fracción.

2. Escriba el nombre del decimal como el denominador de la fracción.

Ejemplo: Convierta 0.018 en una fracción

1. Escriba 18 como numerador de la fracción: $\dfrac{18}{}$

2. Como hay tres lugares a la derecha del decimal, es milésimo *thousandths.*

3. Escriba 1,000 como el denominador: $\dfrac{18}{1,000}$

4. Redusca dividiendo numerador y denominador entre 2: $\dfrac{18 \div 2}{1,000 \div 2} = \dfrac{9}{500}$

Ahora trate esta pregunta de prueba. Soluciones a estas preguntas se encuentran en la sección de respuestas paso a paso al final de esta lección.

Preguntas de prueba

#1. Change the mixed decimal 2.7 to a fraction.

PRÁCTICA

Convierta estos decimales o decimales mixtos en fracciones en sus términos más bajos.

_____**15.** 0.1   _____**19.** 0.005   _____**23.** 6.05

_____**16.** 0.03   _____**20.** 0.875   _____**24.** 123.45

_____**17.** 0.75   _____**21.** 0.046

_____**18.** 0.4   _____**22.** 2.6

CONVIRTIENDO FRACCIONES EN DECIMALES

Para convertir fracciones en decimales:

1. Prepare un problema largo de división para dividir el denominador (el divisor) entre el numerador (el dividendo)—¡pero no divida todavía!

2. Ponga un punto decimal y algunos zeros a la derecha del divisor.

3. Mueva el punto decimal directamente a el área de la respuesta (el cociente).

4. Divida.

Ejemplo: Convierta $\frac{3}{4}$ en un decimal.

1. Prepare el problema de división: $4\overline{)3}$

2. Añada un punto decimal y 2 zeros al divisor (3): $4\overline{)3.00}$

3. Mueva el punto decimal directamente a la respuesta: $4\overline{)3.00}$

4. Divida:

$$
\begin{array}{r}
.75 \\
4\overline{)3.00} \\
28 \\
\overline{20} \\
20 \\
\overline{0}
\end{array}
$$

Entonces, $\frac{3}{4}$ = 0.75, o 75 centésimos *(hundreths)*.

Pregunta de prueba

#2. Change $\frac{1}{5}$ to a decimal.

REPITIENDO LOS DECIMALES

Algunas fracciones quizás requieran que sume más de dos o tres zeros decimales para que la división se pueda efectuar equitativamente, cuando usted convierte una fracción como 2/3 en un decimal, usted continuará añadiendo ceros hasta que se canse por que la división nunca se va a resolver exactamente. Si usted divide 3 entre 2, obtendra constantemente seis(es):

$$
\begin{array}{r}
.6666 \; etc. \\
3\overline{)2.0000} \; etc. \\
18 \\
\overline{20} \\
18 \\
\overline{20} \\
18 \\
\overline{20} \\
18 \\
\overline{20}
\end{array}
$$

Una fracción como $\frac{2}{3}$ se convierte en un decimal que se repite. Su valor decimal puede ser escrito como $.\overline{6}$ or $.6\frac{2}{3}$, o se puede aproximar como 0.66, 0.666, 0.6666, etc. Su valor puede también ser aproximado redondeándolo *rounding* a 0.67 o 0.667 o 0.6667, etc. (Redondear o aproximar será explicados más tarde).

Si usted realmente tiene fobia y pánico a las operaciones con fracciones, la solución está en convertirlas a decimales y hacer la aritmética en decimales. Cuidado: ésta debería ser una de las últimas opciones—las fracciones son tan importantes en la vida diaria que uno tiene que aprender a trabajar y vivir con ellas.

PRÁCTICA

Convierta estas fracciones en decimales.

_____ **25.** $\frac{2}{5}$

_____ **26.** $\frac{1}{4}$

_____ **27.** $\frac{7}{10}$

_____ **28.** $\frac{1}{6}$

_____ **29.** $\frac{5}{7}$

_____ **30.** $\frac{7}{8}$

_____ **31.** $\frac{4}{9}$

_____ **32.** $\frac{3}{8}$

_____ **33.** $\frac{8}{9}$

_____ **34.** $2\frac{1}{5}$

COMPARANDO DECIMALES

Los decimales son fáciles de comparar cuando tienen el mismo número de dígitos después del punto decimal. Ponga ceros al final de los decimales más cortos—esto no cambia su valor—y compare los números como si los puntos decimales no estubiesen ahí.

Ejemplo: Compare 0.08 y 0.1. (¡No caiga en la tentación de pensar que 0.08 es más grande que 0.1 solo porque el número 8 es más grande que el 1!)

1. Ya que 0.08 tiene dos dígitos decimales, ponga un zero al final de 0.1, convirtiendolo en 0.10

2. Para comparar 0.10 con 0.08, solo compare el 10 con el 8. Diez es más grande que 8, entonces 0.1 es más grande que 0.08.

Pregunta de prueba

#3. Put these decimals in order from least to greatest: 0.1, 0.11, 0.101, and 0.0111.

PRÁCTICA

Ordene cada grupo de menor a mayor.

_____ **35.** 0.03, 0.008

_____ **36.** 0.396, 0.96

_____ **37.** 0.009, 0.012

_____ **38.** 0.82, 0.28, 0.8, 0.2

_____ **39.** 0.3, 0.30, 0.300

_____ **40.** 0.5, 0.05, 0.005, 0.505

REDONDEANDO DECIMALES

Redondeando un decimal es una manera de aproximar su valor usando menos dígitos. Para encontrar un respuesta más rápida, especialmente si uno no necesita una respuesta exacta, antes de hacer la operación aritmética, usted puede redondear cada decimal al número entero más próximo. Por ejemplo, para aproximar la suma de 3.456789 y 16.738532, usted puede usar este método de redondeo.

$$\left. \begin{array}{l} 3.456789 \text{ is close to } 3 \\ 16.738532 \text{ is close to } 17 \end{array} \right\} \text{ Aproxime su suma: } 3 + 17 = 20$$

3.456789 está más cerca del 3 que del 4, por consiguiente puede ser redondeado **rounded up** al 3, el número entero más cercano. De la misma manera, 16.738532 está más cerca del 17 que del 16, por lo tanto puede ser redondeado **rounded up** al 17, el número entero más cercano.

Como respuesta de una operación arítmetica, redondear puede ser usado para simplificar una cifra. Por ejemplo, si su inversión llegó a ser estimada a $14,837,812.98 (¡una esperanza!), usted puede simplificar las a aproximadamente $15 millones, es decir redondeando la cifra al millón más inmediato.

Redondear es un buen método para hacer verificaciones de razonabilidad *reasonablenes,* en las respuestas de un problema aritmético de decimales. Aproxime la respuesta a un problema decimal aritmético y comparela con la repuesta obtenida para asegurarse de que está bien hecha.

REDONDEANDO AL NÚMERO ENTERO MÁS PRÓXIMO

Para redondear un decimal al número entero más cerca, vea el dígito decimal a la derecha del número entero, el dígito de las décimas, y siga estas reglas:

- Si el dígito es menor que 5, **round down** (aproxime al mismo número) dejando de lado el punto decimal y todos los dígitos decimales. La parte del número entero se mantiene tal y como es.
- Si el dígito es mayor o igual a 5, **round up** (aproxime al número que le precede) al próximo número más grande.

Ejemplos de redondeaje al número entero más cercano:

- 25.3999 se redondea **down**, es decir, al mismo número, 25 porque 3 es menor que 5.

- 23.5 se redondea **up**, al 24, porque el dígito decimal es 5.
- 2.613 se redondea **up** al 3 porque el dígito 6 es más grande que el 5.

PRÁCTICA

Redondee cada decimal al número entero más próximo.

_____**41.** 0.03

_____**42.** 0.796

_____**43.** 9.49

_____**44.** 3.33

_____**45.** 12.09

_____**46.** 7.8298

REDONDEANDO A LA DÉCIMA MÁS PRÓXIMA

Del mismo modo, los decimales pueden ser redondeados al décimo más cercano. Mire al dígito de su derecha, el dígito centesimal, y siga las reglas:

- Si el dígito es menor que 5, **round down** dejando de lado el dígito y todos los otros que le siguen.
- Si el dígito es mayor que 5, **round up** haciendo que el dígito decimal sea más grande y dejando todos los otros dígitos a su derecha.

Ejemplos de redondeo a la centésima más cercana:

- 45.32 se redondea **down** al 45.3 porque 2 es menor que 5.
- 33.15 se redondea **up** al 33.2 porque el dígito centesimal es 5.
- $14,837,812 se redondea **down** al $14.8 millón, al más cercano décimo de millón de dólar, ya que 3 es menor que 5.
- 2.96 se redondea **up** al 3.0 porque 6 es mayor que 5. Note que simplemente no se puede convertir los dígitos centésimos en 9, uno mayor lo convertiría en 10. Por lo tanto, el 9 se convierte en 0 y el número entero pasa a ser uno más grande.

Del mismo modo, los decimales pueden ser redondeados al próximo centésimo, milésimo, etc., teniendo en cuenta el dígito decimal más inmediato a la derecha:

- Si es menor que 5, redondee abajo, *round down.*
- Si es mayor que 5, redondee arriba, *round up.*

PRÁCTICA

Redondee cada decimal al décimo más próximo.

_____**47.** 0.05

_____**48.** 0.796

_____**49.** 0.818

_____**50.** 9.49

_____**51.** 2.97

_____**52.** 12.09

_____**53.** 7.8298

Técnicas Adquiridas

A medida que usted paga por cosas durante todo el día, observe cuidadosamente los precios. ¿están escritos en dolares y centavos? Si es así ¿cómo podría leer los números en voz alta usando los términos discutidos en esta lección? Para hacerlo más desafiante, inserte un 0 en la columna de los décimos, de esta manera, se empuja los dos números de la derecha del lugar décimo un lugar hacia la derecha. Ahora, ¿cómo podría leer esos números en voz alta? Aprender a decir vervalmente y correcatamente los decimales mostrará a otras personas lo mucho que sabe sobre las matemáticas.

RESPUESTAS

PROBLEMAS DE PRÁCTICA

1. One tenth
2. One hundredth
3. One thousandth
4. One ten thousandth
5. One hundred-thousandth
6. Seven and eighty-six thousandths
7. One and five hundred twenty-one ten thousandths
8. 0.6 (or .6)
9. 0.06
10. 0.014
11. 0.321
12. 9.006
13. 3.0001
14. 0.00306
15. $\frac{1}{10}$
16. $\frac{3}{100}$
17. $\frac{3}{4}$

18. $\frac{2}{5}$
19. $\frac{1}{200}$
20. $\frac{7}{8}$
21. $\frac{23}{500}$
22. $2\frac{3}{5}$
23. $6\frac{1}{20}$
24. $123\frac{9}{20}$
25. 0.4
26. 0.25
27. 0.7
28. $0.1\overline{6}$ or $16\frac{2}{3}$
29. $0.\overline{714285}$
30. 0.875
31. $0.\overline{4}$
32. 0.375
33. $0.\overline{8}$
34. 2.2
35. 0.008, 0.03
36. 0.396, 0.96

37. 0.009, 0.012
38. 0.2, 0.28, 0.8, 0.82
39. All have the same value
40. 0.005, 0.05, 0.5, 0.505
41. 0
42. 1
43. 9
44. 3
45. 12
46. 8
47. 0.1
48. 0.8
49. 0.8
50. 9.5
51. 3.0
52. 12.1
53. 7.8

Preguntas de prueba #1

1. Write 2 as the whole number: 2
2. Write 7 as the top of the fraction: $2\frac{7}{}$
3. Since there is only one digit to the right of the decimal, it's tenths.
4. Write 10 as the bottom number: $2\frac{7}{10}$

Preguntas de prueba #2

1. Set up the division problem: $5\overline{)1}$
2. Add a decimal point and a zero to the divisor (1): $5\overline{)1.0}$
3. Bring the decimal point up into the answer: $5\overline{)1.0}$
4. Divide:

$$\begin{array}{r} .2 \\ 5\overline{)1.0} \\ \underline{10} \\ 0 \end{array}$$

Thus, $\frac{1}{5}$ = 0.2, or 2 tenths.

Preguntas de prueba #3

1. 0.0111 has the greatest number of decimal places (4), so
   tack zeroes onto the ends of the other decimals so they
   all have 4 decimal places: 0.1000 0.1100
                                                                  0.1010 0.0111
2. Ignore the decimal points and compare the whole numbers: 1,000 1,100 1,010 111
3. The low-to-high sequence of the whole numbers is: 111 1,000 1,010 1,100
   Thus the low-to-high sequence of the original decimals is: 0.0111 0.1 0.101 0.11

SUMANDO Y RESTANDO DECIMALES

RESUMEN DE LA LECCIÓN

Esta segunda lección de decimales se enfoca en la adición y sustracción de decimales. Termina enseñándole cómo sumar y restar decimales y fracciones juntos.

 sted tiene que sumar y restar decimales constantemente, especialmente cuando está tratando con dinero. Esta lección le demostrará cuán práctica es esta técnica tanto en la vida real como en los exámenes.

SUMANDO DECIMALES

Hay una diferencia muy grande entre sumar decimales y sumar números enteros; la diferencia está en el *punto decimal*. La posición de este punto determina la exactitud de su respuesta final; alguien que está tratando de resolver un problema simplemente no puede ignorar el punto y sumar donde le parezca mejor. Para sumar correctamente números decimales, siga estos tres simples pasos:

1. Alínee los números en una columna para que sus puntos decimales esten alineados.
2. Añada ceros al final de aquellos números más pequeños para mantener alineados los números.

3. Mueva el punto decimal directamente abajo al área de la respuesta y sume normalmente.

Ejemplo: 3.45 + 22.1 + 0.682

1. Alínee los números para que sus puntos decimales estén en línea:

$$3.45$$
$$22.1$$
$$0.682$$

2. Añada ceros al final de los decimales más pequeños para rellenar los "espacios en blanco":

$$3.450$$
$$22.100$$
$$+\ 0.682$$

3. Mueva el punto decimal abajo, directamente en el área de la respuesta y haga la suma:

$$26.232$$

Para verificar la razonabilidad *reasonableness* de su trabajo, estime la suma usando la técnica de redondeo aprendida en la lección 6. Redondee cada número sumado al número entero más próximo, y luego sume los números enteros obtenidos. Si la suma se asemeja a su respuesta, su respuesta está correcta. Caso contrario, quizás ha cometido un error al situal el punto decimal o al hacer la suma. Redondeando 3.45, 22.1 y 0.682 le dá 3, 22 y 1. Su suma es 26, que razonablemente está cerca de la respuesta 26.232. Por consiguiente, 26.232 es una respuesta razonable.

Mire a un ejemplo que suma decimales y números mixtos juntos. Recuerde: está por sobre entendido que un número entero tiene el punto decimal a su derecha.

Ejemplo: 0.6 + 35 + 0.0671 + 4.36

1. Ponga un decimal a la derecha del número entero (35) y alínee los números para que sus puntos decimales esten en línea:

$$0.6$$
$$35.$$
$$0.0671$$
$$4.36$$

2. Añada zeros al final de los decimales cortos para rellenar los "espacios vacios":

$$0.6000$$
$$35.0000$$
$$0.0671$$
$$+\ 4.3600$$

3. Mueva el punto decimal directamente al área de la respuesta y sume:

$$40.0271$$

Ahora trate usted de resolver esta pregunta de prueba. Al final de la lección se encuentran las respuestas con todas sus indicaciones.

Preguntas de prueba

#1. 12 + 0.1 + 0.02 + 0.943

PRÁCTICA

¿Dónde se debería de colocar el punto decimal de cada suma?

_____ **1.** 3.5 + 3.7 = 72

_____ **2.** 9.32 + 4.1 = 1342

_____ **3.** 1.4 + 0.8 = 22

_____ **4.** 7.42 + 5.931 = 13351

_____ **5.** 1.79 + 0.21 = 200

_____ **6.** 3.59 + 3.59 = 718

_____ **7.** 6.1 + 0.28 + 4 = 1038

_____ **8.** 2.3 + 3.2 + 5.5 = 110

Sume los siguientes decimales

_____ **9.** 1.48 + 0.9

_____ **10.** 1.789 + 0.219

_____ **11.** 3.59 + 6

_____ **12.** 2.35 + 0.9

_____ **13.** 6.1 + 0.2908 + 4

_____ **14.** 14.004 + 0.9 + 0.21

_____ **15.** 0.1 + 0.02 + 0.003

_____ **16.** 5.2 + 0.7999 + 0.0001

RESTANDO DECIMALES

Cuando tenga que restar decimales, siga los mismos pasos iniciales explicados anteriormente para asegurarse que está sumando correctamente y para que el punto decimal termine en el lugar apropiado.

Ejemplo: 4.873 − 1.7

1. Alínee los números para que sus puntos decimales estén en línea:

4.8731
1.7

2. Añada ceros al final del decimal más corto para rellenar los "espacios en blanco":

4.8731

3. Mueva el punto decimal abajo, directamente en el área de la respuesta y haga la resta:

− 1.7000
3.1731

Una resta o sustracción es verificada sumando el número sustraído y la diferencia (el resultado). Si usted obtiene el otro número del problema de la sustracción, su respuesta está correcta. Para un ejemplo, veamos nuestro último problema de reducción.

Esta es la sustracción:

$$\begin{array}{r} 4.8731 \\ -\ 1.7000 \\ \hline 3.1731 \end{array}$$

1. Sume el número que fue sustraído (1.7000) más la diferencia (3.1731):

$$\begin{array}{r} +\ 1.7000 \\ \hline 4.8731 \end{array}$$

2. La sustracción es correcta porque pudimos obtener el otro número del problema de sustracción (4.8731).

¡Revisar la sustracción es tan fácil que usted no debe prescindir de hacerlo!

Usted puede revisar la razonabilidad (*reasonableness*) de su trabajo estimando: redondee cada número al número entero más cercano y haga la sustracción. Redondeando 4.873 y 1.7 nos da 5 y 2. Ya que su diferencia es 3, ésta está muy cerca de su respuesta, 3.1731 es una respuesta razonable.

PRESTÁNDOSE

A continuación, observe un ejemplo de sustracción que requiere que se "preste". Note que el prestarse funciona de la misma manera que cuando se están sustrayendo números enteros.

Ejemplo: 2 – 0.456

1. Ponga un punto decimal a la derecha del número entero (2) y alínee los números para que sus puntos decimales estén alineados:

$$\begin{array}{r} 2. \\ 0.456 \end{array}$$

2. Añada ceros al final de los decimales más cortos para rellenar los espacios vacios:

$$\begin{array}{r} 2.000 \\ \underline{0.456} \end{array}$$

3. Mueva el punto decimal abajo, directamente en el área de la respuesta y haga la operación de sustracción después de prestarse:

$$\begin{array}{r} {\scriptstyle 9\ \ 9} \\ {\scriptstyle 1\ 10\ 10\ 10} \\ 2.000 \\ -\ .456 \\ \hline 1.544 \end{array}$$

4. Verifique la sustracción a través de la adición:

$$\begin{array}{r} 1.544 \\ +\ 0.456 \\ \hline 2.000 \end{array}$$

Nuestra respuesta es correcta porque podimos obtener el primer número del problema de sustracción.

Pregunta de prueba

#2. 78 – 0.78

COMBINANDO LA ADICIÓN CON LA SUSTRACCIÓN

La mejor manera de resolver problemas que combinan suma y resta es el "des-combinarlas"; separando en dos columnas los números a sumarse de los números a restarse. Sumar cada columna para obtener dos resultados, reste el uno del otro y tendrá su respuesta.

Ejemplo: 0.7 + 4.33 − 2.46 + 0.0861 − 1.2

1. Alínee los números que se van a sumar para que sus puntos decimales estén en línea:	0.7 4.33 0.0861
2. Añada ceros al final de los decimales más cortos para rellenar los espacios vacios:	0.7000 4.3300 + 0.0861
3. Mueva el punto decimal abajo, directamente en el área de la respuesta y haga la suma:	5.1161
4. Alínee los números que se van a restar para que sus puntos decimales estén en línea:	2.46 1.2
5. Añada ceros al final de los decimales más cortos para rellenar los espacios vacios:	2.46 + 1.20
6. Mueva el punto decimal abajo, directamente en el área de la respuesta y haga la resta:	3.66
7. Sustraiga el resultado del paso 6 del resultado del paso 3, alínee los puntos decimales, rellenado los espacios vacíos con ceros y moviendo el punto decimal abajo, directamente en el área de la respuesta.	5.1161 − 3.6600 1.4561

Pregunta de prueba
#3. 12 + 0.1 − 0.02 + 0.943 − 2.3

PRÁCTICA
Sustraiga los siguientes decimales.

_____**17.** 6.4 − 1.3

_____**18.** 1.89 − 0.37

_____**19.** 5.48 − 2.48

_____**20.** 2.35 − 0.9

_____**21.** 7 − 0.3

_____**22.** 3.2 − 1.23

_____**23.** 1 − 0.98765

_____**24.** 2.4 − 2.3999

Sume y reste los siguientes decimales.

_____**25.** $6.4 - 1.3 + 1.2$

_____**26.** $8.7 - 3.2 + 4$

_____**27.** $5.48 + 0.448 - 0.24$

_____**28.** $7 - 0.3 - 3.1 + 3.8$

_____**29.** $2.26 + 0.9 - 0.2 + 3.1$

_____**30.** $1 - 0.483 + 3.17$

_____**31.** $14 - 0.15 + 0.8 - 0.2$

_____**32.** $22.2 - 3.3 - 4.4 - 5.5$

Problemas escritos

Los problemas escritos 33–40 envuelven adición, sustracción y redondeo de decimales. Si usted no está familiarizado o necesita repasar como resolver problemas escritos, consulte las lecciones 15 y 16 para obtener ayuda.

_____**33.** Inés drove 2.8 miles to the grocery store and then drove 0.3 miles to the cleaners and 1.7 miles to the bakery. After she drove 4 miles to lunch, she drove 2.1 miles home. How many miles did she drive in all?

    a. 7.3   **b.** 9.9   **c.** 10.9   **d.** 12.6   **e.** 13.6

_____**34.** Over the last three years, the average number of students per classroom at the Beechland School increased from 18.2 to 21.5. By how many students per classroom did the average increase during this time period?

    a. 2.3   **b.** 3.3   **c.** 3.7   **d.** 9.7   **e.** 39.7

_____**35.** At a price of $.82 per pound, which of the following comes closest to the cost of a turkey weighing $9\frac{1}{4}$ pounds?

    a. $6.80   **b.** $7.00   **c.** $7.60   **d.** $8.20   **e.** $9.25

_____**36.** On Monday, Ricky had $385.38 in his checking account. He made a deposit of $250 on Tuesday. On Wednesday, he paid his telephone bill of $82.60 and made his car payment of $241.37. How much money did he have left in his checking account after paying both bills?

    a. $301.41   **b.** $311.41   **c.** $312.41   **d.** $459.35   **e.** $959.35

_____**37.** Margo went shopping and bought items priced at $1.99, $5.75, $2.50, and $14. How much money did she spend in all?

_____ **38.** Clark bought four items at the grocery store that cost $1.99, $2.49, $3.50, and $6.85. The cashier told him that the total was $22.83. Was that reasonable? Why or why not?

_____ **39.** Carl Lewis won the men's 200-meter dash in the 1984 Olympics with a time of 19.8 seconds. Four years later, Joe Leach won the same event with a time of 19.75 seconds. Which runner was faster, and how much faster was he?

_____ **40.** Bob and Carol took a vacation together. Their largest expenses were $952.58 for hotels, $1,382.84 for airfare, and $454.39 for meals. Bob paid for the hotel and meals, while Carol paid for the airfare. Who spent more money? How much more?

TRABAJANDO CON DECIMALES Y FRACCIONES

Cuando un problema contiene tanto decimales como fracciones, generalmente es más fácil convertir todos los números a un mismo sistema, ya sea decimales o fracciones, dependiendo con cuál de ellos se sienta usted más confortable. Consulte la lección 6 si tiene o necesita revisar como se convierte un decimal en una fracción y vice versa.

Ejemplo: $\frac{3}{8} + 0.37$

Conversión de fracción a decimal:

1. Convertir $\frac{3}{8}$ en su decimal equivalente:

$$
\begin{array}{r}
0.375 \\
8\overline{\smash{)}3.000} \\
\underline{24} \\
60 \\
\underline{56} \\
40 \\
\underline{40} \\
0
\end{array}
$$

2. Sume los decimales despues de alinear los puntos decimales y rellenar los espacios vacíos con ceros:

$$
\begin{array}{r}
0.375 \\
+\ 0.370 \\
\hline
0.745
\end{array}
$$

Conversión de decimal a fracción:

1. Convertir 0.37 en su fracción equivalente: $\frac{37}{100}$

2. Sume las fracciones después de encontrar el común denominador más bajo:

$$
\begin{array}{r}
\frac{37}{100} = \frac{74}{200} \\
+\ \frac{3}{8} = \frac{75}{200} \\
\hline
\frac{149}{200}
\end{array}
$$

Ambas respuestas, 0.745 y $\frac{149}{200}$ están correctas. Usted puede fácilmente comprobar esto convirtiendo la fracción en decimal o el decimal en fracción.

PRÁCTICA

Sume los siguientes decimales con las fracciones.

_____**41.** $\frac{1}{2} + 0.5$

_____**42.** $\frac{1}{4} + 0.25$

_____**43.** $\frac{5}{8} + 0.5$

_____**44.** $\frac{1}{8} + 1.875$

_____**45.** $0.6 + \frac{1}{5}$

_____**46.** $0.3 + \frac{7}{10}$

_____**47.** $0.4 + \frac{2}{5}$

_____**48.** $2.75 + \frac{5}{12}$

_____**49.** $\frac{1}{3} + 0.6$

Técnicas Adquiridas

Busque un recibo de ventas de unas compras recientes, preferiblemente uno que tenga varios artículos. Seleciones tres cosas y re-escríbalos en una hoja de papel aparte. Añada el 0 a cada número, pero póngalo en diferentes lugares de cada cifra. Por ejemplo, usted puede añadir un 0 a la derecha del número, al centro del segundo y en la columna de los décimos del tercero. Ahora sume la columna de estos nuevos números. Revise su respuesta. ¿Se acordó de alinear los puntos decimales antes de hacer la suma? Practique este tipo de ejercicios con todo lo que compre o piense qué va a comprar durante el día.

RESPUESTAS

PROBLEMAS DE PRÁCTICA

1. 7.2

2. 13.42

3. 2.2

4. 13.351

5. 2.00

6. 7.18

7. 10.38

8. 11.0

9. 2.38

10. 2.008

11. 9.59

12. 3.25

13. 10.3908

14. 15.114

15. 0.123

16. 6

17. 5.1

18. 1.52

19. 3 or 3.00

20. 1.45

21. 6.7

22. 1.97

23. 0.01235

24. 0.0001

25. 6.3

26. 9.5

27. 5.688

28. 7.4

29. 6.06

30. 3.687

31. 14.45

32. 9 or 9.0

33. c.

34. b.

35. c.

36. b.

37. $24.24

38. No. If you round to whole numbers and add, you get $15.

39. Leach, 0.05 seconds

40. Bob, $24.13

41. 1

42. 0.5 or $\frac{1}{2}$

43. 1.125 or $1\frac{1}{8}$

44. 2

45. 0.8 or $\frac{4}{5}$

46. 1

47. 0.8 or $\frac{4}{5}$

48. $3.1\overline{6}$ or $3\frac{1}{6}$

49. $0.9\overline{3}$ or $\frac{14}{15}$

Pregunta de prueba #1

1. Line up the numbers and fill the "holes" with zeros, like this:

$$\begin{array}{r} 12.000 \\ 0.100 \\ 0.020 \\ +\ 0.943 \\ \hline \end{array}$$

2. Move the decimal point down into the answer and add:

$$13.063$$

Pregunta de prueba #2

1. Line up the numbers and fill the "holes" with zeros, like this:

$$\begin{array}{r} 78.00 \\ -\ 0.78 \\ \hline \end{array}$$

2. Move the decimal point down into the answer and subtract:

$$77.22$$

3. Check the subtraction by addition:

$$\begin{array}{r} +\ 0.78 \\ \hline \end{array}$$

It's correct: You got back the other number in the problem.

$$78.00$$

Pregunta de prueba #3

1. Line up the numbers to be added and fill the "holes" with zeros:

$$\begin{array}{r} 12.000 \\ 0.100 \\ +\ 0.943 \\ \hline \end{array}$$

2. Move the decimal point down into the answer and add:

$$13.043$$

3. Line up the numbers to be subtracted and fill the "holes" with zeros:

$$\begin{array}{r} 0.02 \\ +\ 2.30 \\ \hline \end{array}$$

4. Move the decimal point down into the answer and add:

$$2.32$$

5. Subtract the sum of step 4 from the sum of step 2, after lining up the decimal points and filling the "holes" with zeros:

$$\begin{array}{r} 13.043 \\ -\ 2.320 \\ \hline 10.723 \end{array}$$

6. Check the subtraction by addition:
It's correct: You got back the other number in the problem.

$$\begin{array}{r} +\ 2.320 \\ \hline 13.043 \end{array}$$

L·E·C·C·I·Ó·N

MULTIPLICANDO Y DIVIDIENDO DECIMALES

8

RESUMEN DE LA LECCIÓN

Esta última lección se enfoca en la división y multiplicación.

Por lo general, uno no tiene que multiplicar y dividir decimales tan seguido como sumarlos y restarlos—de todas maneras, los problemas escritos de este capítulo muestran algunos ejemplos prácticos de multiplicación y división de decimales. Sin embargo, y debido a que las preguntas de multiplicación y división siempre se presentan en los exámenes, es importante saber cómo hacer estas operaciones.

MULTIPLICANDO DECIMALES

Para multiplicar decimales:

1. Ignore los puntos decimales y multiplique como normalmente lo hace con números enteros.

2. Cuente el número de dígitos decimales (aquellos dígitos a la *derecha* del punto decimal) de ambos números que usted está multiplicando.

3. Comenzando por el lado derecho del producto (la respuesta), cuente a la izquierda el número de dígitos y ponga el punto decimal a la *izquierda* del último dígito que usted ha contado.

Ejemplo: 1.57×2.4

1. Multiplique 157 por 24:

$$
\begin{array}{r}
157 \\
\times\,24 \\
\hline
628 \\
314 \\
\hline
3768
\end{array}
$$

2. Ya que hay un total de tres dígitos decimales en 1.57 y 2.4, cuente 3 lugares, empezando por la derecha del número 3768 y coloque el punto decimal a la izquierda del tercer dígito que contó (7):

3.768

Para verificar la razonabilidad de su trabajo, aproxime el producto usando la técnica de redondes que usted aprendió en la lección 6. Redondee cada número de la operación y multiplique estos resultados. Si el producto está cerca de la respuesta, entonces ésta está correcta. Caso contrario, quizás haya cometido un error al poner el punto decimal o en la multiplicación. Redondeando 1.57 y 2.4 al número entero más próximo nos da 2 y 2. Su producto es 4, que está muy cerca de su respuesta. Entonces, su respuesta de 3.768 parece ser razonable.

Ahora trate usted. Paso a paso se explican las respuestas a la preguntas de prueba al final de la lección.

Preguntas de prueba

#1. 3.26×2.7

Al multiplicar decimales, usted puede obtener un producto que no tiene los suficientes dígitos para colocar el punto decimal. En ese caso, y para que sus respuestas tengan los suficientes dígitos, añada ceros a la izquierda del producto y ponga el punto decimal.

Ejemplo: 0.03×0.006

1. Multiplique 3 por 6 $3 \times 6 = 18$

2. La respuesta requiere 5 dígitos decimales porque hay un total de cinco dígitos decimales en 0.03 y 0.006. Ya que hay solamente 2 dígitos en la respuesta (18), añada tres ceros a la izquierda: 00018

3. Ponga el punto decimal al comienzo del número (que es 5 dígitos a la derecha):   .00018

Pregunta de prueba

#2. 0.4×0.2

TÁCTICA RÁPIDA DE MULTIPLICACIÓN

Para multiplicar rápidamente un número por 10, sólo tiene que mover el punto decimal **un dígito a la derecha**. Para multiplicar un número por 1,000, mueva el punto decimal **tres dígitos a la derecha**. Por lo general, sólo cuente el número de ceros y mueva el punto decimal el número de veces hacia la **derecha**. Si usted no tiene los suficientes dígitos, primero añada ceros a la derecha.

Ejemplo: $1,000 \times 3.82$

1. Puesto que hay tres ceros en 1,000, mueva el pundo decimal de 3.82 tres dígitos a la derecha.

2. Puesto que 3.82 tiene solamente dos dígitos decimales a la derecha del punto decimal, añada un cero a la derecha antes de mover el punto decimal: 3.82**0**

Entonces, $1,000 \times 3.82 = 3,820$

PRÁCTICA

Multiplique estos decimales.

_____ **1.** 0.01×0.6

_____ **2.** 3.1×4

_____ **3.** 0.1×0.2

_____ **4.** 4×0.25

_____ **5.** 0.875×8

_____ **6.** 78.2×0.0412

_____ **7.** 0.036×1.2

_____ **8.** 10×3.64

_____ **9.** $1,000 \times 51.7$

_____ **10.** 100×0.12345

DIVIDIENDO DECIMALES

DIVIDIENDO DECIMALES ENTRE NÚMEROS ENTEROS

Para dividir un decimal entre un número entero, mueva el punto decimal exactamente arriba en el área de la respuesta (el *cociente*) y luego divida como normalmente lo haría con números enteros.

Ejemplo: $4\overline{)0.512}$

1. Mueva el punto decimal exactamente arriba en el área del cociente:

   $4\overline{)0.512}$

2. Divida:

$$
\begin{array}{r}
0.128 \\
4\overline{)0.512} \\
\underline{4} \\
11 \\
\underline{8} \\
32 \\
\underline{32} \\
0
\end{array}
$$

3. Para revisar su división, multiplique el cociente (0.128) por el divisor (4).

$$
\begin{array}{r}
0.128 \\
\times\ 4 \\
\hline
0.512
\end{array}
$$

   Si usted obtiene como resultado el dividendo (0.512), entonces hizo la división correctamente.

Pregunta de prueba

#3. $5\overline{)0.125}$

DIVIDIENDO ENTRE DECIMALES

Para dividir cualquier número entre un decimal, primero cambie el problema en otro que está dividiendo por un número entero:

1. Mueva el punto decimal a la derecha del número por el cual está dividiendo (el *divisor*).
2. Mueva el punto decimal el mismo número de lugares a la derecha del número que está dividiendo (el *dividendo*).
3. Lleve el punto decimal exactamente arriba en el área de la respuesta (el cociente) y divida.

Ejemplo: $0.03\overline{)1.215}$

1. Debido a que hay dos dígitos decimales en .03, mueva el punto
decimal dos lugares a al derecha de ambos números:

$$0.03\llcorner\overline{)1.21\llcorner5}$$

2. Mueva el punto decimal exactamente arriba, en el cociente:

$$3.\overline{)121{\cdot}5}$$

3. Divida usando los nuevos números:

$$
\begin{array}{r}
40.5 \\
3\overline{)121.5} \\
\underline{12} \\
01 \\
\underline{00} \\
15 \\
\underline{15} \\
0
\end{array}
$$

En las siguientes condiciones, usted tendrá que añadir zeros a la derecha del último dígito decimal en el dividendo, el número está dividiendo:

Caso 1.   No hay suficiente dígitos para mover el punto decimal a la derecha.

Caso 2.   El resultado no es divisible igualmente cuando se divide.

Caso 3.   Usted está dividiendo un número entero por un decimal. En dicho caso, tendrá que añadir puntos decimales así como también algunos zeros.

Caso 1

No hay suficiente dígitos para mover el punto decimal a la derecha.

Ejemplo: $0.03\overline{)1.2}$

1. Debido a que existen dos dígitos decimales en 0.03, el punto decimal
tiene que ser movido dos lugares a la derecha de ambos números. Ya
que no hay suficientes dígitos decimales en 1.2, antes de mover el
punto decimal, añada un cero al final de 1.2:

$$0.03\llcorner\overline{)1.20\llcorner}$$

2. Mueva el punto decimal exactamente arriba, al área del cociente:

$$3.\overline{)120{\cdot}}$$

3. Divida usando los nuevos números:

$$
\begin{array}{r}
40. \\
3\overline{)120.} \\
\underline{12} \\
00 \\
\underline{00} \\
0
\end{array}
$$

Caso 2

El resultado no es divisible igualmente cuando se divide.

Ejemplo: $0.5\overline{)1.2}$

1. Debido a que existe un dígito decimal en 0.5, el punto decimal
   tiene que ser movido un lugar a la derecha de ambos números: $0.5\overline{)1.2.}$

2. Mueva el punto decimal exactamente arriba, al área del cociente: $5.\overline{)12.}$

3. Divida, pero note que la división no sale igualmente:

$$\begin{array}{r} 2. \\ 5\overline{)12.} \\ \underline{10} \\ 2 \end{array}$$

4. Ponga un cero al final del dividendo (12.) y continúe dividiendo:

$$\begin{array}{r} 2.4 \\ 5\overline{)12.0} \\ \underline{10} \\ 20 \\ \underline{20} \\ 0 \end{array}$$

Ejemplo: $0.3\overline{).10}$

1. Debido a que existe un dígito decimal en 0.3, el punto decimal tiene
   que ser movido un lugar a la derecha de ambos números: $0.3.\overline{).1.0}$

2. Mueva el punto decimal exactamente arriba, al área del cociente: $3.\overline{)1.0}$

3. Divida, pero note que la división no sale igualmente:

$$\begin{array}{r} 0.3 \\ 3\overline{)1.0} \\ \underline{9} \\ 1 \end{array}$$

4. Ponga un cero al final del dividendo (1.0) y continúe dividiendo:

$$\begin{array}{r} 0.33 \\ 3\overline{)1.00} \\ \underline{9} \\ 10 \\ \underline{9} \\ 1 \end{array}$$

5. Ya que la división todavía no sale igual, ponga otro cero al final
   del dividendo (1.00) y continúe dividiendo:

$$\begin{array}{r} 0.333 \\ 3\overline{)1.000} \\ \underline{9} \\ 10 \\ \underline{9} \\ 10 \\ \underline{9} \\ 1 \end{array}$$

6. Hasta aquí seguramente se ha podido dar cuenta de que el cociente es un decimal que se repite. Entonces, usted puede parar de dividir y anotar el cociente como : $0.\overline{3}$

Caso 3

Cuando está dividiendo un número entero por un decimal, tiene que añadir un punto decimal así como algunos ceros.

Ejemplo: $0.3\overline{|12}$

1. Existe un dígito decimal en 0.3, entonces el punto decimal tiene que ser movido un lugar a la derecha de ambos números. Debido a que 12 es un número entero, usted puede poner su punto decimal a la derecha (12.), añada un cero (12.0), y mueva su punto decimal un lugar a la derecha: $0.3.\overline{|12.0.}$

2. Mueva el punto decimal directamente arriba en el cociente: $3.\overline{|120.}$

3. Divida usando los nuevos números:

$$
\begin{array}{r}
40. \\
3\overline{|120.} \\
\underline{12} \\
00 \\
\underline{00} \\
0
\end{array}
$$

Pregunta de prueba
#4. $0.06\overline{|3}$

TÉCNICA RÁPIDA DE DIVISIÓN

Para dividir un número entre 10, solo tiene que mover el punto decimal del número **un dígito a la izquierda**. Para dividir un número por 100, mueva el punto decimal **dos dígitos a la izquierda**. Cuente el número de ceros y mueva el punto decimal a la izquierda las veces del número de dígitos. Si no tiene los suficientes dígitos, añada ceros hacia la izquierda antes de mover el punto decimal.

Ejemplo: Divida 12.345 entre 1,000

1. Debido a que existen tres ceros en 1,000, mueva el punto decimal de 12.345 tres dígitos a la izquierda.

2. Ya que 12.345 solo tiene dos dígitos a la izquierda del punto decimal, añada un cero a al izquierda, y luego mueva el pundo decimal: $0.012.345$

Entonces 12.345 ÷ 1,000 = 0.012345

PRÁCTICA

Divida.

_____**11.** $7\overline{)1.4}$

_____**12.** $4\overline{)51.2}$

_____**13.** $5\overline{)12.6}$

_____**14.** $0.3\overline{)1.41}$

_____**15.** $0.04\overline{)16.16}$

_____**16.** $0.7\overline{)2.2}$

_____**17.** $0.7\overline{)21}$

_____**18.** $0.004\overline{)256}$

_____**19.** $1.1\overline{)121}$

_____**20.** $0.3\overline{)2}$

_____**21.** $10\overline{)199.6}$

_____**22.** $100\overline{)83.174}$

PROBLEMAS ESCRITOS DE DECIMALES

Los siguientes son problemas escritos que envuelven la multiplicación y la división de números decimales. (Si usted no está familiarizado con problemas escritos o necesita revisar cómo resolverlos, para una mejor ayuda consulte las lecciones 15 y 16.)

_____**23.** Luis earns $7.25 per hour. Last week he worked 37.5 hours. How much money did he earn that week, rounded to the nearest cent?

_____**24.** At $6.50 per pound, how much do 2.75 pounds of cookies cost, rounded to the nearest cent?

_____**25.** Anne drove her car to the mall, averaging 40.2 miles per hour for 1.6 hours. How many miles did she drive?

_____**26.** Jordan walked a total of 12.4 miles in 4 days. On average, how many miles did he walk each day?

_____**27.** One inch is the equivalent of 2.54 centimeters. How many inches are there in 50.8 centimeters?

_____**28.** Five friends evenly split 8.5 pounds of candy. How many pounds of candy does each friend get?

_____**29.** Mrs. Robinson has a stack of small boxes, all the same size. If the stack measures 35 inches and each box is 2.5 inches high, how many boxes does she have?

Técnicas Adquiridas

Escriba cuanto de dinero gana por hora (incluya dólares y centavos). Si usted gana un salario semanal o mensual, divida su salario entre el número de horas de un mes o una semana para obtener su sueldo por hora. Si en este momento no tiene un trabajo, invéntese un salario -sea generoso consigo mismo. Divida su salario de hora entre 60 para ver cuánto dinero gana por minuto. Seguidamente, para determinar su sueldo semanal, multiplique su salario de hora por el número de horas que trabaja cada semana, redondee su respuesta al dólar más próximo.

RESPUESTAS

PROBLEMAS DE PRÁCTICA

1. 0.006	**9.** 51,700	**17.** 30	**25.** 64.32
2. 12.4	**10.** 12.345	**18.** 64,000	**26.** 3.1
3. 0.02	**11.** 0.2	**19.** 110	**27.** 20
4. 1 or 1.00	**12.** 12.8	**20.** $6.\overline{6}$	**28.** 1.7
5. 7 or 7.000	**13.** 2.52	**21.** 19.96	**29.** 14
6. 3.22184	**14.** 4.7	**22.** 0.83174	
7. 0.0432	**15.** 404	**23.** $271.88	
8. 36.4	**16.** $3.\overline{142857}$	**24.** $17.88	

Preguntas de prueba #1

1. Multiply 326 times 27:

$$\begin{array}{r} 326 \\ \times\ 27 \\ \hline 2282 \\ 652 \\ \hline 8802 \end{array}$$

2. Because there are a total of three decimal digits in 3.25 and 1.8, count off three places from the right in 8802 and place the decimal point to the *left* of the third digit you counted (8):   8.802

3. *Reasonableness* check: Round both numbers to the nearest whole number and multiply: $3 \times 3 = 9$, which is *reasonably* close to your answer of 8.802.

Preguntas de prueba #2

1. Multiply 4 times 2:

$$\begin{array}{r} 4 \\ \times\ 2 \\ \hline 8 \end{array}$$

2. The answer requires two decimal digits. Because there is only one digit in the answer (8), tack one zero onto the left: 08

3. Put the decimal point at the front of the number (which is two digits in from the right):   .08

4. *Reasonableness* check: Round both numbers to the nearest whole number and multiply: $0 \times 0 = 0$, which is *reasonably* close to your answer of 0.08.

Preguntas de prueba #3

1. Move the decimal point straight up into the quotient:

$$5\overline{)0\overset{.}{.}125}$$

2. Divide:

$$\begin{array}{r} 0.025 \\ 5\overline{)0.125} \\ \underline{0} \\ 12 \\ \underline{10} \\ 25 \\ \underline{25} \\ 0 \end{array}$$

3. Check: Multiply the quotient (0.025) by the divisor (5).

$$\begin{array}{r} 0.025 \\ \times\ \ \ \ 5 \\ \hline 0.125 \end{array}$$

Since you got back the dividend (0.125), the division is correct.

Preguntas de prueba #4

1. Because there are two decimal digits in 0.06, the decimal point must be moved two places to the right in both numbers. Since there aren't enough decimal digits in 3, tack a decimal point and two zeros onto the end of 3 before moving the decimal point:

$$.06.\overline{)3.00.}$$

2. Move the decimal point straight up into the quotient:

$$6.\overline{)300\overset{.}{.}}$$

3. Divide using the new numbers:

$$\begin{array}{r} 50. \\ 6\overline{)300.} \\ \underline{30} \\ 00 \\ \underline{00} \\ 0 \end{array}$$

4. Check: Multiply the quotient (50) by the original divisor (0.06).

$$\begin{array}{r} 50 \\ \times\ 0.06 \\ \hline 3.00 \end{array}$$

Since you got back the original dividend (3), the division is correct.

TRABAJANDO CON PORCENTAJES

9

RESUMEN DE LA LECCIÓN

Esta primera lección de porcentajes es una introducción al concepto de los porcentajes. La lección explicará la relación entre porcentajes, decimales y fracciones.

Un porcentaje es una clase especial de fracción o parte de algo. El número inferior (el *denominador*) es siempre 100. Por ejemplo, 5% es lo mismo que $\frac{5}{100}$. Literalmente, la palabra *porcentaje* significa *por cien partes*. La raíz *cent* significa 100: Una *centuria* (siglo) es 100 años, hay 100 *centavos* en un dólar, etc. Entonces, 5% significa 5 partes de 100. Fracciones pueden ser también escritas como decimales: $\frac{5}{100}$ es equivalente de 0.05 (cinco-centésimos). Por lo tanto, 5% es también equivalente al decimal 0.05.

Cada día usted está en constante contacto con porcentajes: impuestos de venta, intereses, propinas, razones de inflación y descuentos son los ejemplos más comunes.

Si usted no está muy familiarizado con fracciones, se le sugiere revisar la lección sobre fracciones antes de continuar más adelante.

PRACTICAL MATH SUCCESS CON INSTRUCCIONES EN ESPAÑOL

CONVIRTIENDO PORCENTAJES EN DECIMALES

Para cambiar un porcentaje en un decimal, borre el signo del porcentaje y mueva el punto decimal dos dígitos a la **izquierda**. Recuerde que si un número no tiene un punto decimal, se asume que esté a la derecha del mismo. Si no hay suficientes dígitos para mover el punto decimal, añada ceros a la **izquierda** antes de mover el punto decimal.

Ejemplo: Cambie 20% en un decimal.
1. Borre el signo de porcentaje: 20
2. Como no hay punto decimal, entonces ponga uno a la derecha del número: 20.
3. Mueva el punto decimal dos dígitos a la izquierda: 0.20.

     Entonces, 20% es equivalente a 0.20, que es lo mismo que 0.2.
     (Recuerde: los ceros a la derecha de un decimal no cambian su valor.)

Ahora trate esta pregunta de prueba. Paso a paso se explican las respuestas a la preguntas de prueba al final de la lección.

Pregunta de prueba
#1. Change 75% to a decimal.

CONVIRTIENDO DECIMALES EN PORCENTAJES

Para convertir un decimal en un porcentaje, mueva el punto decimal dos dígitos a la **derecha**. Si no hay suficientes dígitos para mover el punto decimal, añada ceros a la **derecha** antes de mover el punto decimal. Si el punto decimal se mueve al lado extremo derecho del número, no escriba el punto decimal. Finalmente, añada el signo del porcentaje (%) al final.

Ejemplo: Convierta 0.2 en un porcentaje.
1. Mueva el punto decimal dos dígitos a la derecha despues de añadir un cero a la derecha para que haya suficientes dígitos decimales: 0.20.
2. El punto decimal se movió a la extrema derecha, remuevalo: 20
3. Añada el signo de porcentaje: 20%

     Entonces, 0.2 es equivalente a 20%

LESSON 9 • *LearningExpress Skill Builders*

Preguntas de prueba

#2. Change 0.875 to a percent.

#3. Change 0.7 to a percent.

PRÁCTICA

Convierta estos porcentajes en decimales.

_____ **1.** 1%

_____ **2.** 14%

_____ **3.** 0.001%

_____ **4.** 0.135%

_____ **5.** 8.25%

_____ **6.** $\frac{1}{2}$%

_____ **7.** $87\frac{1}{2}$%

_____ **8.** 150%

Convierta estos decimales en porcentajes.

_____ **9.** 0.85

_____ **10.** 0.9

_____ **11.** 0.02

_____ **12.** 0.008

_____ **13.** 0.031

_____ **14.** $0.37\frac{1}{2}$

_____ **15.** $0.16\frac{2}{3}$

_____ **16.** 1.25

CONVIRTIENDO PORCENTAJES EN FRACCIONES

Para cambiar un porcentaje en fracción, remueva el signo de porcentaje y escriba el número sobre 100; luego reduzca si es pozsible.

Ejemplo: Convierta 20% en una fracción.
1. Remueva el % y escriba la fracción 20 sobre 100: $\frac{20}{100}$
2. Reduzca: $\frac{20 \div 20}{100 \div 20} = \frac{1}{5}$

Ejemplo: Convierta $16\frac{2}{3}$% en una fracción.
1. Remueva el % y escriba la fracción $16\frac{2}{3}$ sobre 100: $\frac{16\frac{2}{3}}{100}$
2. Ya que una fracción significa "numerador dividido entre denominador," escriba nuevamente la fracción como un problema de division: $16\frac{2}{3} \div 100$

3. Cambie el número mixto ($16\frac{2}{3}$) a un fracción impropia ($\frac{50}{3}$):

$$\frac{50}{3} \div \frac{100}{1}$$

4. Invierta la segunda fracción ($\frac{100}{1}$) y multiplique:

$$\overset{1}{\underset{}{\frac{50}{3}}} \times \frac{1}{\underset{2}{100}} = \frac{1}{6}$$

Pregunta de prueba
#4. Change $33\frac{1}{3}\%$ to a fraction.

CONVIRTIENDO FRACCIONES EN PORCENTAJES

Hay dos métodos para cambiar una fracción en porcentaje. Cada uno de ellos es explicado cambiando la fracción 1/5 en un porcentaje.

- **Método No. 1:** Multiplique la fracción por 100%.

  Multiplique $\frac{1}{5}$ por 100%:

  Nota: Cambie 100 en su fracción equivalente, $\frac{100}{1}$, antes de multiplicar.

  $$\underset{1}{\overset{1}{\frac{1}{5}}} \times \frac{\overset{20}{100\%}}{1} = 20\%$$

- **Método No. 2:** Divida el denominador de la fracción entre el numerador; luego mueva el punto decimal dos dígitos a la derecha y añada el signo de (%).

  Divida 5 entre 1, mueva el pundo decimal 2 dígitos a al aderecha y añada el signo de porcentaje:

  Nota: puede prescindir del punto decimal ya que se encuentra a la extrema derecha: 20.

  $$0.20 \rightarrow 0.20. \rightarrow 20\%$$
  $$5\overline{)1.00}$$

Pregunta de prueba
#5. Change $\frac{1}{9}$ to a percent.

PRÁCTICA
Convierta estos porcentajes en fracciones.

_____**17.** 3%

_____**18.** 75%

_____**19.** 0.03%

_____**20.** 43%

_____**21.** 3.75%

_____**22.** 37.5%

_____**23.** $87\frac{1}{2}\%$

_____**24.** 250%

Convierta estas fracciones en porcentajes.

_____**25.** $\frac{2}{5}$ _____**28.** $\frac{5}{12}$

_____**26.** $\frac{1}{6}$ _____**29.** $\frac{18}{5}$

_____**27.** $\frac{19}{25}$ _____**30.** $\frac{5}{8}$

EQUIVALENTES COMUNES DE PORCENTAJES, FRACCIONES Y DECIMALES

Usted encontrará que muchas veces es más conveniente trabajar con porcentajes como fracciones que como decimales. En lugar de tener que calcular la fracción o el decimal equivalente, considere memorizar la tabla de equivalencias que sigue. Esto no sólo es práctico en situaciones de la vida diaria, sino que le servirá a incrementar su eficiencia en exámenes de matemáticas. Por ejemplo, suponga que tiene que cacular 50% de algún número. Mirando a la tabla, usted puede ver que 50% de un número es lo mismo que la mitad de ese número, ¡algo que es más fácil de determinar!

COVIRTIENDO DECIMALES, PORCENTAJES Y FRACCIONES

Decimal	Porcentaje	Fracción
0.25	25%	$\frac{1}{4}$
0.5	50%	$\frac{1}{2}$
0.75	75%	$\frac{3}{4}$
0.1	10%	$\frac{1}{10}$
0.2	20%	$\frac{1}{5}$
0.4	40%	$\frac{2}{5}$
0.6	60%	$\frac{3}{5}$
0.8	80%	$\frac{4}{5}$
$0.\overline{3}$	$33\frac{1}{3}\%$	$\frac{1}{3}$
$0.\overline{6}$	$66\frac{2}{3}\%$	$\frac{2}{3}$
0.125	12.5%	$\frac{1}{8}$
0.375	37.5%	$\frac{3}{8}$
0.625	62.5%	$\frac{5}{8}$
0.875	87.5%	$\frac{7}{8}$

PRÁCTICA

Después de memorizar la tabla, cubra con un pedazo de papel cualquiera de las dos columnas y escriba las equivalencias. Revise su trabajo para ver cuántos números usted pudo recordar correctamente.

Técnicas Adquiridas

Pregunte cuál es el impuesto de venta en su localidad. (Por ejemplo, algunos lugares tienen un impuesto de venta de 3% o 6.5%). Trate de convertir el porcentaje en una fracción y redúzcala a su término más bajo. Ahora usted podrá reconocer su impuesto de venta sin importar en qué forma esté. Trate lo mismo con otros porcentajes que usted encuentre durante el día, como por ejemplo: descuentos de precios o el porcentaje de su cheque que se reduce por impuestos federares y estatales.

RESPUESTAS

PROBLAMAS DE PRÁCTICA

1. 0.01	**9.** 85%	**17.** $\frac{3}{100}$	**25.** 40%
2. 0.14	**10.** 90%	**18.** $\frac{3}{4}$	**26.** $16.\overline{6}\%$ or $16\frac{2}{3}\%$
3. 0.00001	**11.** 2%	**19.** $\frac{3}{10,000}$	**27.** 76%
4. 0.00135	**12.** 0.8%	**20.** $\frac{43}{100}$	**28.** $41.\overline{6}\%$ or $41\frac{2}{3}\%$
5. 0.0825	**13.** 3.1%	**21.** $\frac{3}{80}$	**29.** 360%
6. 0.005	**14.** 37.5%	**22.** $\frac{3}{8}$	**30.** 62.5% or $62\frac{1}{2}\%$
7. 0.875	**15.** $16.\overline{6}\%$ or $16\frac{2}{3}\%$	**23.** $\frac{7}{8}$	
8. 1.50	**16.** 125%	**24.** $\frac{5}{2}$ or $2\frac{1}{2}$	

Pregunta de prueba #1

1. Drop off the percent sign: 75
2. There's no decimal point, so put one at the right: 75.
3. Move the decimal point two digits to the left: 0.75.
   Thus, 75% is equivalent to 0.75.

Pregunta de prueba #2

1. Move the decimal point two digits to the right: 0.87.5

2. Tack on a percent sign: 87.5%

Thus, 0.875 is equivalent to 87.5%.

Pregunta de prueba #3

Don't be tempted into thinking that 0.7 is 7%, because it's not!

1. Move the decimal point two digits to the right after
tacking on a zero: 0.70.

2. Dump the decimal point because it's at the extreme right: 70

3. Tack on a percent sign: 70%

Thus, 0.7 is equivalent to 70%.

Pregunta de prueba #4

1. Remove the % and write the fraction $33\frac{1}{3}$ over 100: $\dfrac{33\frac{1}{3}}{100}$

2. Since a fraction means "top number divided by bottom number,"
rewrite the fraction as a division problem: $33\frac{1}{3} \div 100$

3. Change the mixed number ($33\frac{1}{3}$) to an improper fraction ($\frac{100}{3}$): $\frac{100}{3} \div \frac{100}{1}$

4. Flip the second fraction ($\frac{100}{1}$) and multiply: $\overset{1}{\cancel{\frac{100}{3}}} \times \dfrac{1}{\underset{1}{\cancel{100}}} = \dfrac{1}{3}$
Thus, $33\frac{1}{3}$% is equivalent to the fraction $\frac{1}{3}$.

Pregunta de prueba #5

Método No. 1:

1. Multiply $\frac{1}{9}$ by 100%: $\frac{1}{9} \times \frac{100\%}{1} = \frac{100}{9\%}$

2. Convert the improper fraction ($\frac{100}{9}$) to a decimal: $\frac{100}{9}\% = 11.\overline{1}\%$
Or change it to a mixed number: $\frac{100}{9}\% = 11\frac{1}{9}\%$
Thus, $\frac{1}{9}$ is equivalent to both $11.\overline{1}$% and $11\frac{1}{9}$%.

Método No. 2:

1. Divide the fraction's bottom number (9) into the top number (1):

$$9 \overline{)1.000} \; etc. \quad 0.111 \; etc.$$

$$\underline{0}$$
$$10$$
$$\underline{9}$$
$$10$$
$$\underline{9}$$
$$10$$

2. Move the decimal point in the quotient two digits to the **right** and tack on a percent sign (%): $11.\overline{1}\%$

Note: $11.\overline{1}\%$ is equivalent to $11\frac{1}{9}\%$.

PROBLEMAS DE PORCENTAJE ESCRITOS

RESUMEN DE LA LECCIÓN

Esta segunda lección sobre porcentajes se enfoca en tres clases de problemas de porcentajes escritos y algunas aplicaciones de la vida real.

roblemas escritos que involucran porcentajes se presentan en tres formas:

- Encuentre un porcentaje de un entero.

  Ejemplo: ¿Cuál es el 15% de 50? (50 es el número **entero.**)

- Encuentre qué porcentaje de un número (la "parte") es otro número (el "entero").

  Ejemplo: ¿Qué porcentaje de 40 es 10? (40 es el número **entero.**)

- Encuentre la parte entera conociendo el porcentaje de esta parte.

  Ejemplo: ¿20 es el 40% de qué número? (20 es la **parte.**)

Pese a que cada forma tiene su propia técnica, existe un formula rápida que usted puede usar para resolver problemas de esta clase:

$$\frac{es}{de} = \frac{\%}{100}$$

es El número que generalmente sigue (pero puede preceder) la palabra **es** en la pregunta. Es tambien considerada como la **parte.**

de El número que usualmente sigue la palabra **de** en una pregunta. Es tambien el **entero.**

% El número en frente del % o la palabra **porcentaje** en una pregunta.

Usted también puede pensar de esta formula como:

$$\frac{parte}{entero} = \frac{\%}{100}$$

Para resolver cada una de las clases de preguntas de porcentajes, considere el hecho de que los **productos cruzados** son iguales. Los productos cruzados son los productos de números diagonalmente opuestos el uno del otro. Recordando que *producto* significa *multiplicación*, vea cómo se crean los productos cruzados para la técnica rápida de obtención de porcentajes:

$$\frac{parte}{entero} \diagdown \frac{\%}{100}$$

$$parte \times 100 = entero \times \%$$

Es también muy favorable que sepa que cuando tiene una ecuación como la de arriba—una oración numérica que dice que las dos cantidades son iguales—usted puede hacer las mismas operaciones a ambos lados y seguirán siendo iguales. Usted puede sumar, restar, multiplicar o dividir ambos lados por el mismo número y seguir teniendo números iguales. A continuación usted verá cómo funciona esto.

ENCONTRANDO EL PORCENTAJE DE UN ENTERO

Coloque los número que se le dan en la formula rápida para encontrar el porcentaje del entero.

Ejemplo: ¿Cuál es el 15% de 40?

15 es el % y 40 es el **de** número: $\qquad \frac{is}{40} = \frac{15}{100}$

Haga una multiplicación cruzada y resuelva para el **es**: $\qquad is \times 100 = 40 \times 15$

$$is \times 100 = 600$$

Por lo tanto, **6 es** 15% de 40. $\qquad \mathbf{6} \times 100 = 600$

Nota: Si la respuesta no se presentó claramente cuando usted vio la ecuación, usted podría haber dividido ambos lados entre 100, teniendo como resultado *es* = 6.

Ejemplo: Veinte por ciento de los 25 estudiantes en la clase del Señor Mann no aprobaron el examen. ¿Cuántos estudiantes no aprobaron el examen?

El **porcentaje** es 20 y el **de** número es 25 ya que sigue la palabra de en el problema. Por consiguiente usando la formula rápida la solución es: $\qquad \frac{is}{25} = \frac{20}{100}$

$$is \times 100 = 25 \times 20$$

$$is \times 100 = 500$$

$$\mathbf{5} \times 100 = 500$$

La respuesta es 5 estudiantes no aprobaron el examen. Nuevamente, si la respuesta no se presentó claramente en la ecuación, divida ambos lados de *is* × 100 = 500 entre 100, dejando como resultado is = 5.

Ahora trate usted de encontrar el porcentaje de un número entero con la Pregunta de Prueba en la siguiente página. La solución se explica paso a paso al final de esta lección.

Pregunta de prueba

#1. Ninety percent of the 300 dentists surveyed recommended sugarless gum for their patients who chew gum. How many dentists did NOT recommend sugarless gum?

ENCONTRANDO QUE PORCENTAJE ES UN NÚMERO DE OTRO

Para encontrar que porcentaje de un número es otro número, use la técnica rápida y el hecho de que productos cruzados son iguales.

Ejemplo: ¿Qué porcentaje de 40 es 10?

10 es el **es** número y 40 es el **de** número: $\frac{10}{40} = \frac{\%}{100}$

Haga la multiplicación cruzada y resuelva para %: $10 \times 100 = 40 \times \%$

$$1,000 = 40 \times \%$$

Entonces, 10 es **25%** de 40. $1,000 = 40 \times \mathbf{25}$

Si usted no se dió cuenta en un principio que debía multiplicar por 40 $\quad 1,000 \div 40 = 40 \times \% \div 40$

para obtener 1,000, usted podría haber dividido ambos lados de la ecuación

por 40: $\qquad 25 = \%$

Ejemplo: Treintaicinco miembros de los 105 miembros de la banda son mujeres. ¿Qué porcentaje de la banda son mujeres?

El **de** número es 105 porque sigue la palabra **de** en el problema. $\frac{35}{105} = \frac{\%}{100}$

Por consiguiente, 35 es el **es** número porque es el otro número en el problema, y sabemos que no es el porcentaje porque eso es lo que tenemos que encontrar.

Divida ambos lados de la ecuación entre 105 para encontrar a que

% es igual: $\qquad 3,500 \div 105 = 105 \times \% \div 105$

Entonces, $33\frac{1}{3}\%$ de la banda son mujeres. $\qquad 33\frac{1}{3} = \%$

Pregunta de prueba

#2. The quality control step at the Light Bright Company has found that 2 out of every 1,000 light bulbs tested are defective. Assuming that this batch is indicative of all the light bulbs they manufacture, what percent of the manufactured light bulbs is defective?

ENCONTRANDO EL NÚMERO ENTERO CUANDO SE SABE EL PORCENTAJE

Una vez más, usted puede usar la técnica rápida para encontrar el número entero sabiendo cuál es el porcentaje.

Ejemplo: ¿20 es el 40% de qué número?

20 es el **es** número y 40 es el %:

$$\frac{20}{of} = \frac{40}{100}$$

Haga la prueba de multiplicación cruzada y resuelva el **de** número:

$$20 \times 100 = of \times 40$$
$$2{,}000 = of \times 40$$

Entonces 20 es el 40% **de 50.**

$$2{,}000 = \mathbf{50} \times 40$$

Nota: Usted tambien puede dividir ambos lados de la equación entre 40 y dejar 50 en un lado y el *de* en el otro.

Ejemplo: John dejó una propina de $3, lo cual era el 15% del total de la cuenta. ¿Cuánto era su cuenta?

En este problema, $3 es el **es** número a pesar de que no hay un **es** en la pregunta. Usted pude determinar eso por dos razones: 1) Es la **parte** que John dejó al mesero, y 2) La palabra **de** aparece más adelante en el problema: *de la cuenta,* es decir la cantidad **de** la cuenta es el **de** número. Y, obviamente, 15 es el % ya que el problema declara *15%.*

He aquí la solución del problema:

$$\frac{3}{of} = \frac{15}{100}$$
$$3 \times 100 = of \times 15$$
$$300 = of \times 15$$
$$300 = \mathbf{20} \times 15$$

Por consiguiente, la cuenta de John era de $20.

Nota: Algunos problemas le preguntarán preguntas diferentes. Por ejemplo, ¿cuál es la cantidad total del costo del almuerzo de John? En ese caso, la respuesta es el total de la cuenta **más** el monto de la propina, o $23 ($20 + $3).

Pregunta de prueba

#3. The combined city and state sales tax in Bay City is $8\frac{1}{2}$%. The Bay City Boutique collected $600 in sales tax for sales on May 1. What was the total sales figure for that day, excluding sales tax?

¿CUÁL ES MÁS GRANDE, LA *PARTE* O EL *TOTAL*?

En la mayor parte de los problemas de porcentajes, y como usted podrá observar, la **parte** es más pequeña que el **total**. Pero no se deje engañar por el tamaño de los números; La **parte** puede ser más larga que el **total**. En estos casos, el porcentaje será mucho mayor que el 100%.

Ejemplo: ¿Qué porcentaje de 5 es 10?

1. El **es** número es el 10 (la **parte**), y el **de** número es el 5 (el **total**).
2. Organícelos como:

   Haga la multiplicación cruzada y resuelva el %:

   $$\frac{10}{5} = \frac{\%}{100}$$
   $$10 \times 100 = 5 \times \%$$
   $$1{,}000 = 5 \times \%$$

   Entonces, 10 es el 200% de 5, que es lo mismo que decir que

   10 es dos veces mayor que 5. $$1{,}000 = 5 \times \mathbf{200}$$

Ejemplo: Larry dio al taxista $9.20, lo cual incluía un propina del 15%. ¿Cuánto costó el viaje en taxi, excluyendo la propina?

1. Los $9.20 que Larry dió al taxista incluía el 15% de la propina más

   el costo del viaje, que se puede traducir como:

   $9.20 = el costo del viaje + 15% del costo del viaje

   Matemáticamente, el costo del viaje es lo mismo que el 100% del

   costo del viaje, por que 100% de cualquier número (como 3.58295) es ese número (3.58295).

   Entonces:

   $9.20 = 100% de; costo del viaje + 15% del costo del viaje, o

   $9.20 = del costo del viaje (por la adición)

2. $9.20 **es** 115% del costo **del** viaje:

   Haga la multiplicación cruzada y resuelva para **de**:

   $$\frac{9.20}{of} = \frac{115}{100}$$
   $$9.20 \times 100 = 115 \times of$$
   $$920 = 115 \times of$$
   $$920 = 115 \times \mathbf{8}$$

   Para resolver este problema, usted necesita dividir ambos números

   920 y 115 × *de* por 115. La multiplicación le deja con 8 = de.

   Entonces, $9.20 es 115% de **$8**, lo que es el monto del viaje.

PRÁCTICA

Encuentre el porcentaje de los siguientes números.

_____ **1.** 1% of 50

_____ **2.** 10% of 50

_____ **3.** 100% of 50

_____ **4.** 0.5% of 40

_____ **5.** 50% of 44

_____ **6.** 25% of 44

_____ **7.** 75% of 44

_____ **8.** $37\frac{1}{2}$% of 100

_____ **9.** 100% of 92

_____ **10.** 250% of 20

¿Qué porcentaje es un número de otro?

_____ **11.** 10 is what % of 40?

_____ **12.** 6 is what % of 12?

_____ **13.** 12 is what % of 6?

_____ **14.** 50 is what % of 50?

_____ **15.** 1 is what percent of 100?

_____ **16.** 15 is what % of 100?

_____ **17.** 3.5 is what % of 100?

_____ **18.** 25 is what % of 75?

_____ **19.** 66 is what % of 11?

_____ **20.** 1 is what % of 500?

Encuentre el total sabiendo el porcentaje.

_____ **21.** 100% of what number is 3?

_____ **22.** 10% of what number is 3?

_____ **23.** 1% of what number is 3?

_____ **24.** 20% of what number is 100?

_____ **25.** 25% of what number is 25?

_____ **26.** 50% of what number is 45?

_____ **27.** 100% of what number is 14?

_____ **28.** $87\frac{1}{2}$% of what number is 7?

_____ **29.** 150% of what number is 90?

_____ **30.** 500% of what number is 5?

Problemas de porcentaje escritos

Si usted no está familiarizado con problemas escritos o necesita revisar como resolverlos, para ayuda extra vea las lecciones 15 y 16.

_____**31.** Last Monday, 25% of the 20-member cheerleading squad missed practice. How many cheerleaders missed practice that day?

_____**32.** In the Chamber of Commerce, $66\frac{2}{3}$% of the members are women and 200 of the members are men. How many Chamber of Commerce members are there in all?

_____**33.** Of the 600 crimes committed in Central City last month, 450 included assault. What percent of the crimes included assault?

_____**34.** When the local department store put all of its shirts on sale for 20% off, Jason saved a total of $30 by purchasing four shirts. What was the total price of the four shirts before the sale?

_____**35.** Jackie's budget for entertainment is 5% of her annual salary, which limits her entertainment spending to $2,500 per year. How much is her annual salary?
   a. $5,000   **b.** $12,500   **c.** $50,000   **d.** $125,000   **e.** $500,000

_____**36.** In Clearview, 40% of the houses are white. If there are 200 houses in Clearview, how many are NOT white?
   a. 40   **b.** 80   **c.** 100   **d.** 120   **e.** 160

_____**37.** A certain car sells for $20,000, if it is paid for in full (the cash price). However, the car can be financed with a 10% down payment and monthly payments of $1,000 for 24 months. How much more money is paid for the privilege of financing, excluding tax? What percent is this of the car's cash price?
   a. $26,000   **b.** $26,000   **c.** $6,000   **d.** $6,000   **e.** $4,000
        30%   10%   25%   30%   25%

_____**38.** If 6 feet of a 30-foot pole are underground, what percent of the pole's length is above the ground?
   a. 12%   **b.** 20%   **c.** 40%   **d.** 60%   **e.** 80%

Técnicas Adquiridas

Donde esté; en una biblioteca, en el autobus, en el área de trabajo o en caulquier otro lugar donde haya más de 5 personas juntas, cuente el número total de personas y anótelo. Seguidamente, cuente el número de hombres que hay y trate de determinar qué porcentaje del grupo son hombres y qué porcentaje mujeres. Piense en otras maneras de dividir al grupo: ¿Qué porcentaje viste vaqueros?, ¿Qué porcentaje tiene cabello negro o castaño?, ¿Qué porcentaje está leyendo?

RESPUESTAS

PROBLEMAS DE PRÁCTICA

1. 0.5 or $\frac{1}{2}$	**11.** 25%	**21.** 3	**31.** 5
2. 5	**12.** 50%	**22.** 30	**32.** 600
3. 50	**13.** 200%	**23.** 300	**33.** 75%
4. 0.2	**14.** 100%	**24.** 500	**34.** $150
5. 22	**15.** 1%	**25.** 100	**35.** c.
6. 11	**16.** 15%	**26.** 90	**36.** d.
7. 33	**17.** 3.5% or $3\frac{1}{2}$%	**27.** 14	**37.** d.
8. 37.5 or $37\frac{1}{2}$	**18.** $33\frac{1}{3}$% or $33.\overline{3}$%	**28.** 8	**38.** e.
9. 92	**19.** 600%	**29.** 60	
10. 50	**20.** 0.2% or $\frac{1}{5}$%	**30.** 1	

Pregunta de prueba #1

There are two ways to solve this problem.

Method 1: Calculate the number of dentists who recommended sugarless gum using the $\frac{is}{of}$ technique and then subtract that number from the total number of dentists surveyed to get the number of dentists who did NOT recommend sugarless gum.

1. The **of** number is 300, and the % is 90: $\frac{is}{300} = \frac{90}{100}$

2. Cross-multiply and solve for **is**: $is \times 100 = 300 \times 90$

    $is \times 100 = 27,000$

    Thus, **270** dentists recommended sugarless gum. $270 \times 100 = 27,000$

3. Subtract the number of dentists who recommended sugarless gum from the number of dentists surveyed to get the number of dentists who did NOT recommend sugarless gum: $300 - 270 = 30$

Pregunta de prueba #1 (continuación)

Method 2: Subtract the percent of dentists who recommended sugarless gum from 100% (reflecting the percent of dentists surveyed) to get the percent of dentists who did NOT recommend sugarless gum. Then use the $\frac{is}{of}$ technique to calculate the number of dentists who did NOT recommend sugarless gum.

1. Calculate the % of dentists who did NOT recommend sugarless gum: $\qquad$ $100\% - 90\% = 10\%$

2. The **of** number is 300, and the % is 10: $\qquad$ $\frac{is}{300} = \frac{10}{100}$

3. Cross-multiply and solve for **is**: $\qquad$ $is \times 100 = 300 \times 10$

$$is \times 100 = 3,000$$

Thus, **30** dentists did NOT recommend sugarless gum. $\qquad$ $\mathbf{30} \times 100 = 3,000$

Preguntad de prueba #2

1. 2 is the **is** number and 1,000 is the **of** number: $\qquad$ $\frac{2}{1,000} = \frac{\%}{100}$

2. Cross-multiply and solve for %: $\qquad$ $2 \times 100 = 1,000 \times \%$

$$200 = 1,000 \times \%$$

Thus, **0.2%** of the light bulbs are assumed to be defective. $\qquad$ $200 = 1,000 \times \mathbf{0.2}$

Pregunta de prueba #3

1. Since this question includes neither the word **is** nor **of**, you have to put your thinking cap on to determine whether 600 is the **is** number or the **of** number! Since \$600 is equivalent to $8\frac{1}{2}\%$ tax, we can conclude that it is the **part**. The question is asking this: "\$600 tax **is** $8\frac{1}{2}\%$ **of** what dollar amount of sales?"

    Thus, 600 is the **is** number and $8\frac{1}{2}$ is the %: $\qquad$ $\frac{600}{of} = \frac{8\frac{1}{2}}{100}$

2. Cross-multiply and solve for the **of** number: $\qquad$ $600 \times 100 = of \times 8\frac{1}{2}$

$$60,000 = of \times 8\frac{1}{2}$$

    You have to divide both sides of the equation $\qquad$ $60,000 \div 8\frac{1}{2} = of \times 8\frac{1}{2} \div 8\frac{1}{2}$

    by $8\frac{1}{2}$ to get the answer. $\qquad$ $\mathbf{7,058.82} \cong of$

Thus, \$600 is $8\frac{1}{2}\%$ of approximately **\$7,058.82** (rounded to the nearest cent), the total sales on May 1, excluding sales tax.

OTRO ACERCAMIENTO A PORCENTAJES

RESUMEN DE LA LECCIÓN

Esta lección final de porcentajes se enfoca en otra manera de resolver problemas de porcentajes, es decir una que es más directa que el acercamiento descrito en la lección anterior. La lección también provee algunas tácticas rápidas para encontrar porcentajes especiales y le enseñará a calcular porcentajes que cambian (el porcentaje por el cual una cifra incrementa o disminuye).

ay un acercamiento más directo para resolver problemas de porcentajes que la formula rápida que usted aprendió en la lección anterior:

$$\frac{es}{de} = \frac{\%}{100}$$

El acercamiento más directo está basado en el concepto de traducir un problema escrito palabra por palabra, de oraciones escritas a ecuaciones matemáticas. Las más importantes reglas de traducción que usted va a necesitar son dos:

- *de* significa multiplicar ($\times$)
- *is* significa igual ($=$)

Usted puede aplicar este acercamiento directo a las tres clases de problema de porcentajes.

ENCONTRANDO EL PORCENTAJE DE UN NÚMERO ENTERO

Ejemplo: ¿Qué es el 15% de 50? (50 es el número **entero.**)

Traducción:

- La palabra ***Qué (what)*** es la cantidad desconocida; use la variable ***w*** para reemplazarla.
- La palabra **es** significa *igual* (=).
- Matemáticamente, **15%** es equivalente a ambos 0.15 y $\frac{15}{100}$ (su decisión, dependiendo si usted quiere trabajar con decimales o con fracciones).
- **de 50**, significa *multiplicar* por 50 ($\times$ 50).

Escriba todo junto como un ecuación y resuelvalá:

$$w = 0.15 \times 50 \qquad \text{or} \qquad w = \frac{15}{100} \times 50 = \frac{15}{100} \times \frac{50}{1}$$

$$w = 7.5 \qquad\qquad\qquad w = \frac{15}{2}$$

Entonces, **7.5** (que es lo mismo que $\frac{15}{2}$) es el 15% de 50.

Las preguntas de prueba en esta lección son las mismas que el la lección 10. Resuélvalas nuevamente, pero esta vez usando este método directo. Las respuestas explicadas paso a paso se encuentran al final de la lección.

Pregunta de respuesta

#1. Ninety percent of the 300 dentists surveyed recommended sugarless gum for their patients who chew gum. How many dentists did NOT recommend sugarless gum?

ENCONTRANDO QUE PORCENTAJE DE UN NÚMERO ES OTRO

Ejemplo: ¿Qué porcentaje de 40 es 10?

Traducción:

- **10 es** significa que 10 es igual a (10 =).
- **Qué porcentaje** es la cantidad desconocida, entonces use $\frac{w}{100}$ para reemplazarla. (La variable w está escrita como fracción sobre 100 porque la palabra *porcentaje* significa *per* 100 o sobre 100.)
- **de 40** significa multiplicar por 40 ($\times$ 40).

Pongaló todo junto y resuelva la ecuación: $\qquad 10 = \frac{w}{100} \times 40$

Escriba 10 y 40 como fracciones: $\qquad \frac{10}{1} = \frac{w}{100} \times \frac{40}{1}$

Multiplique las fracciones: $\qquad \frac{10}{1} = \frac{w \times 40}{100 \times 1}$

Reduzca: $\qquad \frac{10}{1} = \frac{w \times 2}{5}$

Haga la multiplicación cruzada: $\qquad 10 \times 5 = w \times 2$

Resuelva dividiendo ambos lados por 2: $\qquad 25 = w$

Entonces 10 es **25%** de 40.

Pregunta de prueba

#2. The quality-control step at the Light Bright Company has found that 2 out of every 1,000 light bulbs tested are defective. Assuming that this batch is indicative of all the light bulbs they manufacture, what percent of the manufactured light bulbs is defective?

ENCONTRANDO EL NÚMERO ENTERO CONOCIENDO EL PORCENTAJE

Ejemplo: ¿20 es el 40% de qué número?

Traducción:

- **20 es** significa *es igual a* (20 =).
- Matemáticamente, **40%** es equivalente a ambos 0.40 (que es lo mismo que 0.4) y $\frac{40}{100}$ (que se puede reducir a $\frac{2}{5}$). Nuevamente, es su decisión, dependiendo de cual de ellos usted prefiere.
- **De qué número** significa *multiplicar por la cantidad desconocida*, use w para reemplazarlo ($\times$ w).

Póngalo todo junto y resuelva la ecuación:

$$20 = 0.4 \times w \qquad \text{or} \qquad 20 = \frac{2}{5} \times w$$

$$\frac{20}{1} = \frac{2}{5} \times \frac{w}{1}$$

$$\frac{20}{1} = \frac{2 \times w}{5}$$

$$20 \div 0.4 = w \div 0.4 \qquad\qquad 20 \times 5 = 2 \times w$$

$$100 = 2 \times w$$

$$50 = w \qquad\qquad\qquad 100 = 2 \times \mathbf{50}$$

Entonces, 20 es el 40% de **50**.

Pregunta de respuesta

#3. The combined city and state sales tax in Bay City is $8\frac{1}{2}$%. The Bay City Boutique collected $600 in sales tax on May 1. What was the total sale figure for that day, excluding sales tax?

PRÁCTICA

Para práctica adicional, use el acercamiento más directo y resuelva las preguntas de práctica de la lección 10. Luego, usted puede decidir qué acercamiento es el mejor para usted.

LA TÉCNICA DEL 15% DE LA PROPINA

¿Alguna vez ha estado en una situación en la que no podía calcular rápidamente la propina adecuada (sin tener que usar una calculadora o tener que dar la cuenta a un amigo)? Si esa ha sido su situación, continúe.

En realidad, es más fácil calcular dos cifras—10% y 5% de la cuenta—y luego súmelas juntas.

1. Calcule el 10% de la cuenta moviendo el punto decimal un dígito a la izquierda.

Ejemplos:

- 10% de $35.00 es $3.50.
- 10% de 82.50 es $8.25.
- 10% de $59.23 es $5.923, que se puede redondear a $5.92.

Bién fácil, ¿no es cierto?

2. Calcule el 5% sacando la mitad del monto que usted calculó en el paso 1.

Ejemplos:

- 5% de $35.00 es la mitad de $3.50, que es igual a $1.75.
- 5% de $82.50 es la mitad de $8.25, que es igual a $4.125, que se puede redondear a $4.13.
- 5% de $59.23 es aproximadamente la mitad de $5.92, que es igual a $2.96. (Decimos aproximadamente por que redondeamos $5.923 a $5.92. Vamos a centar en un margen de error de un centavo, pero eso realmente no importa—usted seguramente va a redondear la propina a un monto más convemiente, como por ejemplo el próximo nickel o cuarto de dólar.)

3. Calcule el 15% sumando juntos los resultados de los pasos 1 y 2.

Ejemplos:

- 15% of $35.00 = $3.50 + $1.75 = $5.25
- 15% of $82.50 = $8.25 + $4.13 = $12.38
- 15% of $59.23 = $5.92 + $2.96 = $8.88

Puede que usted necesite redondear **up** cada resultado para dejar un mejor monto de propina, como por ejemplo $5.50, $12.50 y $9, si es que tuvo un buen servicio; o quizás usted decida redondear **down** si el servicio no fue muy bueno.

Pregunta de prueba

#4. If your server was especially good or you ate at an expensive restaurant, you might want to leave a 20% tip. Can you figure out how to quickly calculate it?

PRÁCTICA

Use la técnica rápida para calcular el 15% y 20% dé la propina para cada cuenta, redondeando al níguel más cercano.

_____ **1.** $2.00

_____ **2.** $25

_____ **3.** $32.50

_____ **4.** $48.64

_____ **5.** $145.20

_____ **6.** $234.56

Porcentaje de cambio (% Aumento y % Reducción)

Para encontrar la técnica de cambio, usted puede usar la técnica de $\frac{es}{de}$. El **es** número es la cantidad del aumento o la reducción y el **de** número es la **cantidad original**.

Ejemplo: Si un vendedor pone sus bolígrafos de $10 a la venta, ¿por qué porcentaje tendrá que reducir él para venderlos?

1. Calcule la reducción, del **es** número:

$10 - $8 = $2

2. El **de** número es la **cantidad original**:

$10

3. Use la formula de $\frac{es}{de}$ y resuelva el porcentaje haciendo la multiplicación cruzada:

$$\frac{2}{10} = \frac{\%}{100}$$
$$2 \times 100 = 10 \times \%$$
$$200 = 10 \times \%$$
$$200 = 10 \times 20$$

Entonces, el precio de venta ha sido reducido en 20%.

Si más tarde el vendedor decide subir el precio de los bolígrafos de $8 a $10, no se deje engañar creyendo que el incremento en porcentaje es solo del 10%. Es mucho más, por que el incremento de $2 está ahora basado en un **precio original** de solo $8 (ya que se empieza a incrementar de $8):

$$\frac{2}{8} = \frac{\%}{100}$$
$$2 \times 100 = 8 \times \%$$
$$200 = 8 \times \%$$
$$200 = 8 \times 25$$

Entonces, el precio de venta ha sido incrementado un **25%**.

Alternativamente, usted puede usar un acercamiento más directo para encontrat el cambio de porcentaje estableciendo la siguiente formula:

$$\% \text{ de cambio} = \frac{\text{cantidad de cambio}}{\text{cantidad original}} \times 100$$

A continuación la solución a las preguntas anteriores usando este método más directo:

Reducción del precio de $10 a $8:

1. Calcule la reducción:

   $$\$10 - \$8 = \$2$$

2. Divídala por la cantidad original, $10, y multiplique por 100 para cambiar al fracción en porcentaje:

   $$\frac{2}{10} \times 100 = \frac{2}{10} \times \frac{100}{1} = 20\%$$

   Entonces, el precio de venta a sido reducido por un **20%**.

Incremento de precio de $8 a $10:

1. Calcule el imcremento:

   $$\$10 - \$8 = \$2$$

2. Dividalo por la cantidad original, $8, y multiplique por 100 para cambiar la fracción en porcentaje:

   $$\frac{2}{8} \times 100 = \frac{2}{8} \times \frac{100}{1} = 25\%$$

   Entonces, el precio de venta ha sido incrementado por un **25%**.

PRÁCTICA

Encuentre el cambio en el porcentaje. Si el porcentaje no llega a ser un número exacto, redondee al décimo de porcentaje más cercano.

_____ **7.** From $5 to $10

_____ **8.** From $10 to $5

_____ **9.** From $40 to $50

_____ **10.** From $50 to $40

_____ **11.** From $25 to $35.50

_____ **12.** A population decrease from 8.2 million people to 7.4 million people.

_____ **13.** From 44 miles per gallon to 48 miles per gallon.

_____ **14.** Upgrading from a 4-speed CD-ROM drive to a 6-speed CD-ROM drive.

Problemas de porcentajes escritos

Use el método directo para resolver estos problemas escritos. Si usted no está familiarizado con problemas escritos o si necesita repasar como resolverlos, para una mayor ayuda consulte las lecciones 15 y 16.

_____ **15.** With a state sales tax of 7% on all items, plus a city sales tax of 1% on items over $200, how much will a $300 jacket and a $40 belt cost, including all applicable taxes?
   a. $26.80   **b.** $66.80   **c.** $243.80   **d.** $366.80   **e.** $356

_____ **16.** Ron started the day with $150 in his wallet. He spent 9% of it to buy breakfast, 21% to buy lunch, and 30% to buy dinner. If he didn't spend any other money that day, how much money did he have left at the end of the day?
   a. $100   **b.** $90   **c.** $75   **d.** $60   **e.** $40

_____ **17.** Jacob invested $20,000 in a new company that paid 10% interest per year on his investment. He did not withdraw the first year's interest, but allowed it to accumulate with his investment. However, after the second year, Jacob withdrew all of his money (original investment plus accumulated interest). How much money did he withdraw in total?
   a. $24,200   **b.** $24,000   **c.** $22,220   **d.** $22,200   **e.** $22,000

_____ **18.** If the price of a jar of honey is reduced from $4 to $3, by what percent is the price reduced?
   a. $\frac{1}{4}$%   **b.** $\frac{1}{3}$%   **c.** 1%   **d.** 25%   **e.** $33\frac{1}{3}$%

_____ **19.** Linda purchased $500 worth of stocks on Monday. On Thursday, she sold her stocks for $600. What percent does her profit represent of her original investment, excluding commissions? (Hint: profit = selling price − purchase price)
   a. 100%   **b.** 20%   **c.** $16\frac{2}{3}$%   **d.** $8\frac{1}{3}$%   **e.** $\frac{1}{5}$%

_____ **20.** The Compuchip Corporation laid off 20% of its 5,000 employees last month. How many employees were NOT laid off?
   a. 4,900   **b.** 4,000   **c.** 3,000   **d.** 1,000   **e.** 100

_____ **21.** A certain credit card company charges $1\frac{1}{2}$% interest per month on the unpaid balance. If Joni has an unpaid balance of $300, how much interest will she be charged for one month?
   a. 45¢   **b.** $3   **c.** $4.50   **d.** $30   **e.** $45

_____ **22.** A certain credit card company charges $1\frac{1}{2}$% interest per month on the unpaid balance. If Joni has an unpaid balance of $300 and doesn't pay her bill for two months, how much interest will she be charged for the second month?
   a. $4.50   **b.** $4.57   **c.** $6   **d.** $9   **e.** $9.07

Técnicas Adquiridas

La próxima vez que usted coma en un restaurante, trate de calcular, sin la ayuda de una calculadora, cuánto de propina tiene que dejar a su mesero. Mejor aún, trate de calcular cuánto es el 15% y el 20% de la cuenta, cosa que usted pueda decidir cuánto va a dejar. Puede que su mesero haya sido mejor que un promedio, entonces usted puede dejarle un poco más de un 15% pero no un 20%. Si ese es el caso trate de calcular qué cantidad de dinero va usted a dejar como propina. ¿Recuerda usted la técnica para calcular propinas?

REPUESTAS

PROBLEMAS DE PRÁCTICA

1. 30¢, 40¢
2. $3.75, $5
3. $4.90, $6.50
4. $7.30, $9.75
5. $21.80, $29.05
6. $35.20, $46.90

7. 100% increase
8. 50% decrease
9. 25% increase
10. 20% decrease
11. 42% increase
12. 9.8% decrease

13. 9.1% increase
14. 50% increase
15. d.
16. d.
17. a.
18. d.

19. b.
20. b.
21. c.
22. b.

Pregunta de prueba #1

Translate:

- **90%** is equivalent to both 0.9 and $\frac{9}{10}$
- **of the 300 dentists** means $\times\ 300$
- **How many dentists** is the unknown quantity: We'll use d for it.

But, wait! **Ninety percent of the dentists DID recommend sugarless gum**, but we're asked to find **the number of dentists who did NOT recommend it**. So there will be an extra step along the way. You could find out how many dentists did recommend sugarless gum and then subtract from the total number of dentists to find out how many did not. But there's an easier way:

Subtract 90% (the percent of dentists who DID recommend sugarless gum) from 100% (the percent of dentists surveyed) to get 10% (the percent of dentists who did NOT recommend sugarless gum).

There's one more translation before you can continue: **10%** is equivalent to both 0.10 (which is the same as 0.1) and $\frac{10}{100}$ (which reduces to $\frac{1}{10}$).

$$0.1 \times 300 = d \qquad \text{or} \qquad \frac{1}{10} \times \frac{300}{1} = d$$

$$30 = d \qquad\qquad\qquad \frac{30}{1} = d$$

Thus, **30** dentists did NOT recommend sugarless gum.

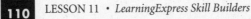

Pregunta de prueba #2

Although you have learned that **of** means *multiply*, there is an exception to the rule. The words **out of** mean *divide*; specifically, **2 out of 1,000 light bulbs** means $\frac{2}{1,000}$ of the light bulbs are defective. We can equate (=) the fraction of the light bulbs that is defective ($\frac{2}{1,000}$) to the unknown percent that is defective, or $\frac{d}{100}$. (Remember, a percent is a number over 100.) The resulting equation and its solution are shown below.

Translate: $\qquad\qquad\qquad\qquad\qquad\qquad\qquad\qquad \frac{2}{1,000} = \frac{d}{100}$

Cross-multiply: $\qquad\qquad\qquad\qquad\qquad\qquad\quad 2 \times 100 = 1,000 \times d$

$\qquad\qquad\qquad\qquad\qquad\qquad\qquad\qquad\qquad\qquad 200 = 1,000 \times d$

Solve for d: $\qquad\qquad\qquad\qquad\qquad\qquad\qquad\quad 200 = 1,000 \times \mathbf{0.2}$

Thus, **0.2%** of the light bulbs are assumed to be defective.

Pregunta de prueba #3

Translate:
- Tax = $8\frac{1}{2}\%$, which is equivalent to both $\frac{8\frac{1}{2}}{100}$ and 0.085
- Tax = $600
- Sales is the unknown amount; we'll use S to represent it.
- Tax = $8\frac{1}{2}\%$ **of** sales ($\times S$)

Fraction approach:

Translate: $\qquad\qquad\qquad\qquad\qquad\qquad\qquad\quad 600 = \frac{8\frac{1}{2}}{100} \times S$

Rewrite 600 and S as fractions: $\qquad\qquad\qquad \frac{600}{1} = \frac{8\frac{1}{2}}{100} \times \frac{S}{1}$

Multiply fractions: $\qquad\qquad\qquad\qquad\qquad\qquad \frac{600}{1} = \frac{8\frac{1}{2} \times S}{100}$

Cross-multiply: $\qquad\qquad\qquad\qquad\quad 600 \times 100 = 1 \times 8\frac{1}{2} \times S$

Solve for S by dividing both sides of the equation by $8\frac{1}{2}$: $\quad 60,000 = 8\frac{1}{2} \times S$

$\qquad\qquad\qquad\qquad\qquad\quad 60,000 \div 8\frac{1}{2} = 8\frac{1}{2} \times S \div 8\frac{1}{2}$

$\qquad\qquad\qquad\qquad\qquad\qquad\qquad\quad 7,058.82 \approx S$

Decimal approach:

Translate and solve for S by dividing by 0.085: $\qquad 600 = 0.085 \times S$

$\qquad\qquad\qquad\qquad\qquad 600 \div 0.085 = 0.085 \times S \div 0.085$

$7,058.82 is the amount of sales on May 1, $\qquad 7,058.82 \approx S$

rounded to the nearest cent and excluding tax.

Pregunta de prueba #4

To quickly calculate a 20% tip, find 10% by moving the decimal point one digit to the left, and then double that number.

L·E·C·C·I·Ó·N

RAZONES Y PROPORCIONES

RESUMEN DE LA LECCIÓN

Esta lección empieza explorando razones y explica, usando ejemplos familiares, el sentido matemático detrás del concepto de razones. La misma concluye con la noción de proporciones, nuevamente, ilustrada con ejemplos matemáticos diarios.

RAZONES

Una razón es la comparación de dos números. Por ejemplo, digamos que en un club hay 3 hombres por cada 5 mujeres. Eso significa que la razón de hombres a mujeres es 3 a 5. No significa necesariamente que hay exactamente 3 hombres y 5 mujeres en el club, pero significa que *por cada grupo de 3 hombres, hay un correspondiente grupo de 5 mujeres.* La tabla en la siguiente página muestra algunos posibles tamaños de este club.

# de grupos	# de hombres	# de mujeres	# Total de miembros
	DIVISIÓN DE LOS MIEMBROS DEL CLUB; RAZÓN DE 3 A 5		
1	♂♂♂	♀♀♀♀♀	8
2	♂♂♂ ♂♂♂	♀♀♀♀♀ ♀♀♀♀♀	16
3	♂♂♂ ♂♂♂ ♂♂♂	♀♀♀♀♀ ♀♀♀♀♀ ♀♀♀♀♀	24
4	♂♂♂ ♂♂♂ ♂♂♂ ♂♂♂	♀♀♀♀♀ ♀♀♀♀♀ ♀♀♀♀♀ ♀♀♀♀♀	32
5	♂♂♂ ♂♂♂ ♂♂♂ ♂♂♂ ♂♂♂	♀♀♀♀♀ ♀♀♀♀♀ ♀♀♀♀♀ ♀♀♀♀♀ ♀♀♀♀♀	40

En otras palabras, el número de hombres es **3 veces el número de grupos**, y el número de mujeres es **5 veces ese mismo número de grupos.**

Una razón puede ser expresada de varias maneras:

- usando (a) **"to"** (3 **to** 5)
- usando (de) **"out of"** (3 **out of** 5)
- usando (dos puntos) **colon** (3:5)
- como una **fracción** ($\frac{3}{5}$)
- como un **decimal** (0.6)

Como una fracción, un razón tiene que ser siempre reducida al término más bajo. Por ejemplo, la razón de 6 a 10 (6 **to** 10) tiene que ser reducida a 3 a 5 (porque la fracción $\frac{6}{10}$ se reduce a $\frac{3}{5}$).

Aquí se dan ejemplos de razones en contextos comunes:

- El año pasado, en Nueva York, nevó 13 de los 52 (13 **out of** 52) fines de semana. La razón 13 *out of* 52 puede ser reducida al término más bajo (1 out of 4) y puede ser expresada en cualquiera de las siguientes notaciones:

1 to 4
1:4 ⎫ Reduciendo al término más bajo, nos dice que nevó 1 de 4 fines de semana,
$\frac{1}{4}$ ⎬ ($\frac{1}{4}$ de los fines de semana o 25% de los fines de semana).
0.25 ⎭

- Lloyd condujo su auto 140 millas usando solo 3.5 galones de gasolina, para una razón (o una razón del consumo) de 40 millas por cada galón: $\frac{\overset{40}{\cancel{140}\ miles}}{\underset{1}{\cancel{3.5}\ gallons}} = \frac{40\ millas}{1\ galón} = 40\ millas\ por\ galón$

- La razón entre estudiantes y maestros en la escuela secundaria de Clarksdale es 7 a 1 (7 to 1). Eso significa que por cada 7 estudiantes en la escuela hay 1 maestro. Por ejemplo, si Clarksdale tiene 140 estudiantes, entonces tiene 20 maestros (Hay 20 grupos cada uno con 7 estudiantes y 1 maestro.)

- El bar Pearl tiene 5 sillas por cada mesa. Si tiene 100 sillas, entonces tiene 20 mesas.

- Los Yankees ganaron 27 juegos y perdieron 18, para una razón de 3 victorias a 2 pérdidas. Su razón ganadora era 60% por que ellos ganaron el 60% de los juegos que jugaron.

En problemas escritos, la palabra *por (per)* se traduce como división. Por ejemplo, 30 millas por (per) hora es equivalente a $\frac{30\ millas}{1\ hora}$. Frases con la palabra I *por (per)* son razones con un denominador de 1, como por ejemplo:

24 millas por galón = $\frac{24\ millas}{1\ galón}$ $12 por hora = $\frac{12\ dólares}{1\ hora}$

3 comidas por día = $\frac{3\ comidas}{1\ día}$ 4 tazas por un cuarto = $\frac{4\ tazas}{1\ cuarto}$

PRÁCTICA

Escriba cada uno de los siguientes como razones.

_____ **1.** 2 parts lemon juice to 5 parts water

_____ **2.** Joan ate 1 cookie for every 3 donuts

_____ **3.** 3 umbrellas for 6 people

_____ **4.** 4 teachers for 20 students

_____ **5.** 6 blue marbles to 4 red marbles

_____ **6.** 1 head for every tail

_____ **7.** 60 miles per hour

_____ **8.** 20 minutes for each $\frac{1}{4}$ pound

Finalice la comparación.

_____ **9.** If 3 out of 5 people pass this test, how many people will pass the test when 45 people take it?

_____ **10.** The ratio of male to female students at Blue Mountain College is 4 to 5. If there are 3,500 female students, how many male students are there?

RAZONES Y TOTALES

Una razón generalmente le dice algo del número *total* de cosas que se están comparando. En nuestro primer ejemplo de raciones usamos el club donde por cada 3 hombre había 5 mujeres, el total de miembros del club es un **múltiplo de 8** por que cada grupo contiene 3 hombres y 5 mujeres. El siguiente ejemplo ilustra algunas de las preguntas que a usted le pueden preguntar en relación al total de una razón en particular:

Ejemplo: Wyatt compró un total de 12 libros, por cada libro de $8 el compró 2 de $5.

- ¿Cuántos libros de $5 compró él?
- ¿Cuántos libros de $8 compró él?
- ¿Cuánto de dinero gastó en total?

Solución: El número total de libros que Wyatt compró es un múltiplo de 3 (cada grupo de libros contenía **2** libros de **$5 más 1** libro de **$8**). Ya que él compró un total de 12 libros, él compró 4 grupos de libros (4 grupos x 3 libros = 12 libros en total).

Número total de libros: **8 libros $5** + **4 libros $8** = 12 libros

Costo total: $40 + $32 = **$72**

Ahora trate usted de trabajar con razones y números totales en los siguientes ejemplos. La solución es explicada paso a paso al final de la lección.

Pregunta de prueba

#1. Every day, Bob's Bakery makes fresh cakes, pies, and muffins in the ratio of 3:2:5. If a total of 300 cakes, pies, and muffins is baked on Tuesdays, how many of each item is baked?

PRÁCTICA

Trate estos problemas escritos de razones. (Si usted necesita ayuda para resolver problemas escritos, vea las lecciones 15 y 16).

_____**11.** Agatha died and left her $40,000 estate to her friends Bruce, Caroline, and Dennis in the ratio of 13:6:1, respectively. How much is Caroline's share? (Hint: The word *respectively* means that Bruce's share is 13 parts of the estate because he and the number 13 are listed first, Caroline's share is 6 parts because both are listed second, and Dennis's share is 1 part because both are listed last.)

    a. $1,000   **b.** $2,000   **c.** $6,000   **d.** $12,000   **e.** $26,000

_____**12.** There were 28 people at last week's board meeting. If the ratio of men to women was 4:3, how many women were at the meeting?

a. 16   **b.** 12   **c.** 7   **d.** 4   **e.** 3

_____**13.** At a certain corporation, the ratio of clerical workers to executives is 7 to 2. If a combined total of 81 clerical workers and executives work for that corporation, how many clerical workers are there?

a. 9   **b.** 14   **c.** 18   **d.** 36   **e.** 63

_____**14.** Last year, there were 720 crimes committed in the ninth precinct. These crimes involved theft, rape, and drugs in the ratio of 4:2:3. How many crimes involved drugs?

a. 80   **b.** 160   **c.** 240   **d.** 320   **e.** 400

_____**15.** A _unit price_ is a ratio that compares the price of an item to its unit of measurement. To determine which product is the better buy, calculate each one's unit price. Which of these five boxes of Klean-O Detergent is the best buy?

a. Travel-size: $1 for 5 ounces   **b.** Small: $2 for 11 ounces   **c.** Regular: $4 for 22 ounces
d. Large: $7 for 40 ounces   **e.** Jumbo: $19 for 100 ounces

_____**16.** Shezzy's pulse rate is 19 beats every 15 seconds. What is his rate in beats per minute?

a. 76   **b.** 60   **c.** 57   **d.** 45   **e.** 34

PROPORCIONES

Una _proporción_ indica que dos razones son iguales la una a la otra. Por ejemplo, usted seguro ha oido a alguien decir lo siguiente:

Nueve de diez atletas profesionales por lo menos sufren de una herida cada temporada.

Las palabras _nueve de diez_ son razones. Las mismas dicen que $\frac{9}{10}$ de los atletas profesionales por lo menos sufren de una herida cada temporada. Pero hay más de 10 atletas profesionales. Encontes $\frac{9}{10}$ de 100 atletas, o 90 de los 100 atletas profesionales sufren por lo menos una herida cada temporada. Las dos razones son equivalentes y forman una proporción:

$$\frac{9}{10} = \frac{90}{100}$$

He aquí otras proporciones:

$$\frac{3}{5} = \frac{6}{10} \qquad \frac{1}{2} = \frac{5}{10} \qquad \frac{2}{5} = \frac{22}{55}$$

Note que las proporciones reflejan fracciones equivalentes: Cada fracción se puede reducir por el mismo valor.

PRODUCTOS CRUZADOS

Como en las fracciones, **los productos cruzados** de una proporción son iguales.

$$\frac{3}{5} \diagdown \frac{6}{10}$$

$$3 \times 10 = 5 \times 6$$

Muchos problemas escritos de proporciones son fácilmente resueltos con fracciones y productos cruzados. **En cada fracción, las unidades deben ser escritas en el mismo orden**. Por ejemplo, digamos que tenenos dos razones (razón #1 y razón #2) que comparan bolas rojas con bolas blancas. Cuando usted escribe la proporción ambas fracciones deben estar escritas de la misma manera -con las bolas rojas en el numerador y las bolas blancas en el denominador o con las bolas blancas en el numerador y las correspondientes bolas rojas en el denominador:

$$\frac{red_{\#1}}{white_{\#1}} = \frac{red_{\#2}}{white_{\#2}} \quad or \quad \frac{white_{\#1}}{red_{\#1}} = \frac{white_{\#2}}{red_{\#2}}$$

Alternativamente, una fracción puede comparar las bolas rojas mientras que otra fracción compara las blancas, con ambas comparaciones en el mismo orden:

$$\frac{red_{\#1}}{red_{\#2}} = \frac{white_{\#1}}{white_{\#2}} \quad or \quad \frac{red_{\#2}}{red_{\#1}} = \frac{white_{\#2}}{white_{\#1}}$$

Este es una variación del ejemplo usado anteriormente. La historia es la misma, pero la pregunta es diferente.

Ejemplo: Wyatt compró por cada libro de $8 2 libros de $5. Si él compró 8 libros de $5, ¿Cuántos libros compró Wyatt? ¿Cuántos libros compró en total? ¿Cuánto de dinero gastó en total?

Solución: La razón de libros que Wyatt compró es 2:1 o $\frac{2 \ libros \ de \ \$5}{1 \ libro \ de \ \$8}$. Para la segunda razón, los 8 libros de $5 va en el numerador de la fracción para que corresponda con el numerador de la primera fracción, el número de libros de $5. Por consiguiente, el desconocido b (número de libros de $8) va en el denominador de la segunda fracción. Veamos la proporción:

$$\frac{2 \ \$5 \ books}{1 \ \$8 \ book} = \frac{8 \ \$5 \ books}{b \ \$8 \ books}$$

Resuelvala usando productos cruzados:

$$\frac{2}{1} \diagdown \frac{8}{b}$$

$$2 \times b = 1 \times 8$$

$$2 \times \mathbf{4} = 8$$

Entonces, Wyatt compró **4** libros de $8 y 8 libros de $5, por un total de **12** libros, y gastando un total de **$72** $(8 \times \$5) + (4 \times \$8) = \$72$.

Revise: Reduzca $\frac{8}{4}$, la razón de libros a $5 y la de libros a $8 que Wyatt a comprado, para asegurarse en obtener $\frac{2}{1}$, la razón original.

Técnica rápida: En un examen de respuestas múltiples que pregunte el número total de libros, usted puede automáticamente eliminar todas las respuestas que no sean múltiplos del 3, quizás resolviendo el problema sin ninguna dificultad.

Pregunta de prueba

#2. The ratio of men to women at a certain meeting is 3 to 5. If there are 18 men at the meeting, how many people are at the meeting?

PRÁCTICA

Use el producto cruzado para encontrar las cantidades no conocidas en cada proporción.

_____**17.** $\frac{120 \text{ miles}}{2.5 \text{ gallons}} = \frac{m \text{ miles}}{1 \text{ gallon}}$

_____**18.** $\frac{135 \text{ miles}}{h \text{ hours}} = \frac{45 \text{ miles}}{1 \text{ hour}}$

_____**19.** $\frac{150 \text{ drops}}{t \text{ teaspoons}} = \frac{60 \text{ drops}}{4 \text{ teaspoons}}$

_____**20.** $\frac{20 \text{ minutes}}{\frac{1}{4} \text{ pound}} = \frac{m \text{ minutes}}{2\frac{1}{2} \text{ pounds}}$

Trate estos problemas escritos de proporciones.

_____**21.** The ratio of red marbles to green marbles is 2:5. If there are 12 red marbles, how many green marbles are there?

   a. 42   **b.** 30   **c.** 12   **d.** 7   **e.** 6

_____**22.** On the city map, 1 inch represents $\frac{1}{2}$ mile. How many inches represent $3\frac{1}{4}$ miles?

   a. $3\frac{1}{4}$ **b.** $3\frac{1}{2}$ **c.** 6   **d.** $6\frac{1}{4}$ **e.** $6\frac{1}{2}$

_____**23.** The ratio of violent crimes to non-violent crimes in the third precinct has been 2 to 9 for the last five years. If there were 36 non-violent crimes in the precinct last week, how many violent crimes were there, if the ratio is still the same?

   a. 2   **b.** 4   **c.** 8   **d.** 11   **e.** 25

_____**24.** The scale on a floorplan indicates that 1 foot is equivalent to $\frac{1}{4}$ of an inch. A room that measures 160 <u>square feet</u> is represented by how many <u>square inches</u>?

   a. 40   **b.** 30   **c.** 20   **d.** 10   **e.** 4

_____ **25.** If Terrence mixed $\frac{1}{4}$ gallon of concentrate with $1\frac{3}{4}$ gallons of water to make orange juice for 8 friends, how many gallons of concentrate would he need to make enough orange juice for 20 friends?

a. $\frac{7}{8}$ **b.** $\frac{3}{4}$ **c.** $\frac{5}{8}$ **d.** $\frac{1}{2}$ **e.** $\frac{3}{8}$

_____ **26.** To roast a turkey for Thanksgiving dinner, Juliette's recipe calls for $\frac{3}{4}$ of an hour cooking time per pound. If her turkey weighs $12\frac{1}{2}$ pounds, how many hours should she cook her turkey?

a. $9\frac{3}{8}$ **b.** $9\frac{1}{8}$ **c.** 9 **d.** $8\frac{7}{8}$ **e.** 8

Técnicas Adquiridas

Vaya a una tienda y observe cuidadosamente los precios anotados en los estantes. Escoja un tipo de comida que usted quiera comprar, como por ejemplo, cereal, pepinillos o helado. Para determinar que marca tiene el precio más barato, usted necesita obtener el precio de cada unidad. El precio de unidad es una razón que le da el precio de cada unidad por la medida del mismo. Sin mirar los precios que le dan esta cifra, calcule el precio de unidad de tres productos, usando el precio y el tamaño de cada producto. Revise sus respuestas mirando los verdaderos precios de cada producto.

RESPUESTAS

PROBLEMAS DE PRÁCTICA

1. 2:5 or $\frac{2}{5}$ or 0.4
2. 1:3 or $\frac{1}{3}$ or $0.\overline{3}$
3. 1:2 or $\frac{1}{2}$ or 0.5
4. 1:5 or $\frac{1}{5}$ or 0.2
5. 3:2 or $\frac{3}{2}$ or 1.5
6. 1:1 or $\frac{1}{1}$ or 1
7. 60:1 or $\frac{60\ miles}{1\ hour}$
8. 80:1 or $\frac{80}{1}$ or 80
9. 27
10. 2,800
11. d.
12. b.
13. e.
14. c.
15. d.
16. a.
17. 48 miles
18. 3 hours
19. 10 teaspoons
20. 200 minutes
21. b.
22. e.
23. c.
24. d.
25. c.
26. a.

Pregunta de prueba #1

1. The total number of items baked is a multiple of 10: $3 + 2 + 5 = 10$
2. Divide 10 into the total of 300 to find out how many groups
    of 3 cakes, 2 pies, and 5 muffins are baked: $300 \div 10 = 30$
3. Since there are 30 groups, multiply the ratio 3:2:5 by 30
    to determine the number of cakes, pies, and muffins baked: $30 \times 3 = 90$ cakes

    $30 \times 2 = 60$ pies

    $30 \times 5 = 150$ muffins

Check:

Add up the number of cakes, pies, and muffins: $90 + 60 + 150 = 300$
Since the total is 300, the answer is correct.

Pregunta de prueba #2

On a multiple-choice question, you can eliminate any answer that's not a multiple of 8 (3 + 5 = 8). If more than one answer is a multiple of 8 or if this isn't a multiple-choice question, then you'll have to do some work. The first step of the solution is finding a fraction equivalent to $\frac{3}{5}$ with 18 as its top number (because both top numbers must reflect the same thing—in this case, the number of men). Since we don't know the number of women at the meeting, we'll use the unknown w to represent them. Here's the mathematical setup and solution:

$$\frac{3 \ men}{5 \ women} = \frac{18 \ men}{w \ women}$$
$$\frac{3}{5} = \frac{18}{w}$$
$$3 \times w = 5 \times 18$$
$$3 \times w = 90$$
$$3 \times \mathbf{30} = 90$$

Since there are 30 women and 18 men, a total of 48 people are at the meeting.

Check:

Reduce $\frac{18}{30}$. Since you get $\frac{3}{5}$ (the original ratio), the answer is correct.

PROMEDIOS: MEDIO, MEDIANO, Y MODO

RESUMEN DE LA LECCIÓN

Esta lección se enfoca en tres números usados generalmente por investigadores para la obtención de datos. Estos números son a veces conocidos como *medidas de tendencia central*. Traducido al español, eso simplemente significa que estos números son *promedios*. Esta lección define promedio medio, mediano y modo; además explica las diferencias entre ellos y muestra cómo debe de usarlos.

n promedio es un número que *tipifica* o *representa* a un grupo de números. Constantemente, usted llega a estar en contacto con estos números—su promedio de apuestas, el promedio de porciones de pizza que usted puede comer de un tirón, el promedio de millas que usted recorre cada mes, el salario mensual que gana un programador, el promedio de alumnos en una clase, etc.

En la actualidad hay tres diferentes números que tipifican un grupo de números:

- el promedio medio
- el promedio mediano
- el promedio modo

La mayor parte del tiempo, cuando usted oye que las personas mencionan la palabra promedio, ellos probablemente se refieren al promedio medio. Por cierto, cuando este libro use la palabra *promedio,* se está refiriendo al promedio medio.

Veamos el siguiente grupo de números, como por ejemplo el número de estudiantes en una clase de la escuela Chancellor y encontremos estas tres clases de medidas de tendencia central.

Sala #	1	2	3	4	5	6	7	8	9
Estudiantes	15	15	11	16	15	17	16	30	18

PROMEDIO MEDIO (PROMEDIO)

**El promedio medio (promedio) de un grupo de números es la suma
de los números dividida entre el número (la cantidad) de números:**

$$\text{Promedio} = \frac{\text{Suma de los números}}{\text{Cantidad de números}}$$

Ejemplo: Encuentre el **promedio** de estudiantes en una clase de la escuela Chancellor.

Solución: $Promedio = \dfrac{15 + 15 + 11 + 16 + 15 + 17 + 16 + 30 + 18}{9} = \dfrac{153}{9}$

$$Promedio = 17$$

El número promedio (medio) de estudiantes en una clase de la escuela Chancellor es **17**. ¿Encuentra curioso que solamente dos clases tengan más del promedio? o ¿que el promedio no está al centro del grupo? Continúe leyendo para descubrir qué medida está justamente en el centro del grupo.

PROMEDIO MEDIANO

**El promedio mediano de un grupo de números es el número que
está en el centro cuando todos los números están escritos en orden.
Cuando hay un número par de números, el promedio mediano es
el promedio de los dos números del centro.**

Ejemplo: Encuentre el promedio mediano del número de estudiantes en una clase de la escuela Chancellor.

Solución: Simplemente ponga los números en una lista ordenada (de mayor a menor o de menor a mayor) e identifique el número en el centro:

$$11 \quad 15 \quad 15 \quad 15 \quad \boxed{16} \quad 16 \quad 17 \quad 18 \quad 30$$

Si hubiese habido un número par de clases, entonces hubiese habido dos números en el centro:

$$15\tfrac{1}{2}$$
$$\downarrow$$
$$9 \quad 11 \quad 15 \quad 15 \quad \boxed{15} \quad \boxed{16} \quad 16 \quad 17 \quad 18 \quad 30$$

Con 10 clases en lugar de 9, el promedio mediano es el promedio de 15 y 16, o $15\tfrac{1}{2}$, que es también la mitad entre los dos números del centro.

Si un número arriba del promedio mediano es aumentado significativamente o si un número menos que el promedio sea reducido significantemente, el promedio mediano no será afectado. Por otro lado, dicho cambio podría tener un impacto profundo en el promedio medio—como lo hizo la clase con 30 estudiantes en el ejemplo anterior. Ya que cambios en la información o datos afectan menos al promedio mediano que al promedio medio, el promedio mediano tiende a ser una mejor medida de tendencia central para ese tipo de información.

Considere el salario anual de los residentes de un área metropolitana. Unos cuantos multimillonarios podrían substancialmente incrementar el *promedio* salarial anual, pero ellos no tendrían ningún impacto en el *promedio mediano* salarial anual a no ser por algunos trabajadores que ganan un poco más que el promedio. Entonces, el *promedio mediano* salarial anual es más representativo de la población que el *promedio medio* anual salarial. De hecho, usted puede concluir que el salario anual de la mitad de los residentes es mayor o igual a el *promedio mediano*, mientras que el salario anual para la otra mitad es menor o igual al *promedio mediano*. No se puede decir lo mismo del promedio medio del salario anual.

PROMEDIO MODO

El promedio modo de un grupo de números es el número que aparece más a menudo.

Ejemplo: Encuentre el promedio modo, el tamaño de clase más común, en la escuela Chancellor.

Solución: Revisando la información, se revela que hay más clases con 15 estudiantes que ningún otro número, esto hace que **15** sea el promedio modo:

$$11 \quad \boxed{15} \quad \boxed{15} \quad \boxed{15} \quad 16 \quad 16 \quad 17 \quad 18 \quad 30$$

Si también hubiese habido tres clases de, digamos, 16 estudiantes, la información sería **bimodal**—ambos 15 y 16 son los promedios modos de este grupo:

11 15 15 15 16 16 16 17 18 30

Por otro lado, si hubiese habido un número igual de clases cón el mismo número de estudiantes, el grupo no tendría un promedio modo—ninguna de las clases aparece con más frecuencia que las otras:

11   11   13   13   15   15   17   17   19   19

Truco: Esta es una manera fácil de recordar las definiciones de promedio mediano y modo.

Promedio mediano: Imagínese una carretera dividida con un **promedio mediano** extendido a lo largo y exactamente en el **medio** de la misma.

Promedio modo: EL promedio modo es el miembro más popular del grupo.

Trate de resolver la pregunta sobre promedio medio. Las respuestas explicadas paso a paso se encuentran al final de la lección.

Pregunta de prueba

#1. This term, Barbara's test scores are 88, 96, 92, 98, 94, 100, and 90. What is her average test score?

PRÁCTICA

La siguiente tabla de ventas de autos y camiones nuevos para el mes de febrero, muestra las ventas de cinco de los mejores vendedores de la compañía Vero Beach Motors:

VENTA DE AUTOS Y CAMIONES					
	Arnie	**Bob**	**Caleb**	**Debbie**	**Ed**
Semana 1	7	5	0	8	7
Semana 2	4	4	9	5	4
Semana 3	6	8	8	8	6
Semana 4	5	9	7	6	8

_____ **1.** The monthly sales award is given to the sales associate with the highest weekly average for the month. Who won the award in February?

   a. Arnie   b. Bob   c. Caleb   d. Debbie   e. Ed

_____ **2.** Which sales associate made the median number of sales for February?

   a. Arnie   b. Bob   c. Caleb   d. Debbie   e. Ed

3. What was the average weekly sales figure for these sales associates in February?
   a. 26   b. 27   c. 31   d. 35   e. 36

4. What was the average monthly sales figure for these sales associates in February?
   a. 24   b. 24.5   c. 24.8   d. 25   e. 26.8

5. Based on the February sales figures, what was the most likely number of weekly sales for an associate? (Hint: find the mode.)
   a. 0   b. 4   c. 5   d. 8   e. It cannot be determined.

6. Which sales associate had the lowest median sales in February?
   a. Arnie   b. Bob   c. Caleb   d. Debbie   e. Ed

7. What was the median total weekly sales figure in February?
   a. $26\frac{1}{2}$ b. $30\frac{1}{2}$ c. 31   d. 32   e. $35\frac{1}{2}$

TÉCNICA RÁPIDA PARA RESOLVER PROMEDIOS

Si hay una separación igual entre los miembros del grupo que se está promediando, ¡usted puede determinar el promedio sin que tenga que hacer nada de aritmética! Por ejemplo, el siguiente grupo de números tiene una separación igual de "3": cada número es tres veces más grande que el otro:

$$6 \quad 9 \quad 12 \quad 15 \quad \boxed{18} \quad 21 \quad 24 \quad 27 \quad 30$$

El **promedio** es **18**, el número en el medio. Cuando en el grupo, hay un número igual o igualmente separado, existen *dos* números medios, y en promedio es la mitad entre los dos:

$$6 \quad 9 \quad 12 \quad 15 \quad \boxed{18} \quad \boxed{21} \quad 24 \quad 27 \quad 30 \quad 33$$
$$19\frac{1}{2} \uparrow$$

Esta técnica rápida funciona incluso si cada número aparece en el grupo más de una vez, siempre y cuando cada número aparezca el mismo número de veces, por ejemplo:

$$10 \quad 10 \quad 10 \quad 20 \quad 20 \quad 20 \quad 30 \quad \boxed{30} \quad 30 \quad 40 \quad 40 \quad 40 \quad 50 \quad 50 \quad 50$$

Usted pudo haber usado este método para solucionar la pregunta #1. Ordene de menor a mayor las notas de Bárbara para ver si forman entre ellas una lista con espacios de "2":

$$88 \quad 90 \quad 92 \quad 94 \quad 96 \quad 98 \quad 100$$

Entonces el promedio de las notas de Bárbara es el número del medio, 94.

PROMEDIO MEDIO

En un promedio medio, algunos y todos los números que se van a promediar tienen una *medida* asociados con ellos.

Ejemplo:

Ron promedió 50 millas por hora en las primeras tres horas de su viaje a Seattle. Cuando comenzó a llover su promedio disminuyó a 40 millar por hora por las dos próximas horas. ¿Cuál es su velocidad promedio?

Usted simplemente no puede calcular el promedio de las dos velocidades como $\frac{50+40}{2}$, porque Ron pasó más tiempo conduciendo a 50 mph que a 40 mph. De hecho, la velocidad promedio de Ron está más cerca de 50 mph que de 40 mph precisamente por que él pasó más tiempo conduciendo a 50 mph. Para calcular correctamente la velocidad promedio de Ron, uno tiene que tomar en cuenta el número de horas de cada velocidad: 3 horas de un promedio de 50 mph y 2 horas de un promedio de 40 mph, por un total de 5 horas.

$$Promedio = \frac{50 + 50 + 50 + 40 + 40}{5} = \frac{230}{5} = 46$$

O tome ventaja de las medidas, 3 horas a 50 mph y 2 horas a 40 mph:

$$Promedio = \frac{(3 + 50) + (2 \times 40)}{5} = \frac{230}{5} = 46$$

Pregunta de prueba

#2. Find the average test score, the median test score, and the mode of the test scores for the 30 students represented in the table below.

Number of Students	Test Score
1	100
3	95
6	90
8	85
5	80
4	75
2	70
1	0

PRÁCTICA

Use todo lo que usted sabe sobre promedios medios, medianos y modos, y resuelva los siguientes problemas escritos.

_____ **8.** The average of three numbers is 20. If one of those numbers is 15, what is the average of the other two numbers?

a. 5   b. 20   c. $22\frac{1}{2}$ d. 35   e. 45

_____ **9.** Renee ran the marathon in 3 hours. If she ran 10 miles in the first hour, what was her average speed, in miles per hour, for the remaining 16 miles?

a. 8   b. 10   c. 12   d. 14   e. 16

_____ **10.** Find the average of all the even numbers less than or equal to 40.

a. 19   b. 20   c. 21   d. 22   e. 23

_____ **11.** After 4 games, Rita's average bowling score was 99. What score must she bowl on her next game to increase her bowling average to 100?

a. 104   b. 103   c. 102   d. 101   e. 100

_____ **12.** The average of 4 numbers is 50. If two of the numbers are 20 and 40, which of the following could be the other two numbers?

    I.   60 and 80
    II.   0 and 140
    III.   50 and 50

a. I only   b. II only   c. II and III   d. I and II   e. I, II, and III

_____ **13.** Given the following group of numbers—8, 2, 9, 4, 2, 7, 8, 0, 4, 1—which of the following is (are) true?

    I.   The mean is 5.
    II.   The median is 4.
    III.   The sum of the modes is 14.

a. II only   b. II and III   c. I and II   d. I and III   e. I, II, and III

Técnicas Adquiridas

Escriba su edad en un pedazo de papel. Al lado de este número escriba las edades de cinco de sus amigos o familiares. Encuentre el promedio medio, mediano, y modo de las edades que usted ha anotado. Recuerde que algunos grupos numéricos no tienen modo. ¿Tiene su grupo un modo?

RESPUESTAS

PROBLEMAS DE PRÁCTICA

1. d.

2. e.

3. c.

4. c.

5. d.

6. a.

7. c.

8. c.

9. a.

10. c.

11. a.

12. d.

13. b.

Pregunta de prueba #1

Calculate the average by adding the grades together and dividing by 7, the number of tests:

$$Average = \frac{88 + 90 + 92 + 94 + 96 + 98 + 100}{7} = \frac{658}{7}$$

$$Average = 94$$

Pregunta de prueba #2

Average (Mean)

Use the number of students achieving each score as a weight:

$$Average = \frac{(1 \times 100) + (3 \times 95) + (6 \times 90) + (8 \times 85) + (5 \times 80) + (4 \times 75) + (2 \times 70) + (1 \times 0)}{30} = \frac{2,445}{30} = 81.5$$

Even though one of the scores is 0, it must still be accounted for in the calculation of the average.

Median

Since the table is already arranged from high to low, we can determine the median merely by locating the middle score. Since there are 30 scores represented in the table, the median is the average of the 15th and 16th scores, which are both 85. Thus, the median is **85**. Even if the bottom score, 0, were significantly higher, say 80, the median would still be 85. However, the mean would be increased to 84.1. The single peculiar score, 0, makes the median a better measure of central tendency than the mean.

Mode

Just by scanning the table, we can see that more students scored an 85 than any other score. Thus, **85** is the mode. It is purely coincidental that the median and mode are the same.

L·E·C·C·I·Ó·N

PROBABILIDAD

14

RESUMEN DE LA LECCIÓN

Esta lección explora el concepto de probabilidad, presentando situaciones de la vida real y la matemática detrás de las mismas.

eguramente usted ha oido declaraciones como, "Las oportunidades de ganar ese carro son de una en un millón,"exclamadas por personas que dudan de su suerte. La frase "una en un millón" es una manera de enunciar una probabilidad, la posibilidad, de que un evento llegue a ocurrir. Pese a que la mayor parte de nosotros hemos usado anteriormente estimaciones exageradas , este capítulo le enseñará como calcular con exactitud las probabilidades. Encontrando respuestas a preguntas como "¿Cuál es la probabilidad que me toque una A en un juego de póker?" o "¿Qué posibilidades existen de que mi nombre sea el elegido como ganador de una vacación de dos?" le ayudarán a decidir si la probabilidad es lo suficientemente favorable para que usted se arriesgue.

ENCONTRANDO LA PROBABILIDAD

La probabilidad es expresada como una razón:

$$P \ (Evento) = \frac{\textit{Número de resultados favorables}}{\textit{número total de posibles resultados}}$$

Ejemplo: Cuando usted tira una moneda, hay dos posibles resultados: *caras o colas*. La probabilidad de tirar la moneda y obtener caras, tiene, por consiguiente 1 de 2 resultados:

$$P\ (caras) = \frac{1}{2} \begin{array}{l} \leftarrow \text{Número de resultados favorables} \\ \leftarrow \text{Número total de posibles resultados} \end{array}$$

De la misma manera, la probabilidad de que al tirar la moneda uno obtenga colas tiene también 1 de dos resultados. Esta probabilidad puede ser expresada como fracción, $\frac{1}{2}$, o como un decimal, 0.5. Ya que al tirar una moneda nos da la misma probabilidad de obtener caras o colas, ambos eventos son *igualmente posibles*.

La probabilidad de que un evento llegue a ocurrir es un valor que siempre está entre el 0 y el 1.

- Si un evento es *cosa segura*, la probabilidad es 1.
- Si un evento *no puede ocurrir bajo ninguna circumstancia*, entonces la probabilidad es 0.

Por ejemplo, la probabilidad de levantar una bola negra de un bolsa conteniendo solo bolas negras es 1, mientras que la probabilidad de levantar una bola blanca es 0.

Un evento que es casi imposible que suceda tiene una probabilidad de casi cero; está menos seguro que llegue a pasar, su probabilidad está cerca de cero. Contrariamente, un evento que es muy probable que suceda tiene una probabilidad cerca del 1; está más probable que llegue a pasar, su probabilidad está más cerca de 1.

Ejemplo: Suponga que usted puso en un cajón dos botones rojos y 3 azules y luego sacó un botón sin fijarse. Calcule la probabilidad de sacar un botón rojo y la probabilidad de sacar un botón azul.

$$P\ (rojo) = \frac{2}{5} \begin{array}{l} \leftarrow \text{Número de resultados favorables} \\ \leftarrow \text{Número total de posibles resultados} \end{array}$$

$$P\ (azul) = \frac{3}{5} \begin{array}{l} \leftarrow \text{Número de resultados favorables} \\ \leftarrow \text{Número total de posibles resultados} \end{array}$$

La probabilidad de sacar un botón rojo es $\frac{2}{5}$ o 0.4. Hay dos posibles resultados favorables (sacar uno de los 2 botones rojos) y 5 resultados posibles (sacar cualquiera de los 5 botones). De la misma manera, la probabilidad de sacar un botón azul es $\frac{3}{5}$ o 0.6. Hay tres posibles resultados (sacar uno de los tres botones azules) y 5 posibles resultados. Sacar un botón azul es más probable que sacar un botón rojo por que hay más botones azules que rojos $\frac{3}{5}$ de los botones son azules mientras que solo $\frac{2}{5}$ son rojos.

PRÁCTICA

A bag contains 24 marbles: 2 black, 4 red, 6 white, and 12 blue.

1. Which color marble is the most likely to be selected?

2. Which color marble is the least likely to be selected?

3. Find the probability of selecting each of the following:

_____ a) a black marble

_____ b) a red marble

_____ c) a white marble

_____ d) a blue marble

_____ e) a black or red marble

_____ f) a marble that's not black

_____ g) a red, white, or blue marble

_____ h) a green marble

PROBABILIDAD CON VARIOS RESULTADOS

Considere un ejemplo que envuelva varios diferentes resultados.

Ejemplo: Si un par de dados es echado, ¿Cuál es la probabilidad que su suma sea igual a 3?

Solución:

1. Cree una tabla que muestre todos los posibles resultados (sumas) de las veces que se hecharon los dos dados:

				Die #1			
		1	**2**	**3**	**4**	**5**	**6**
	1	2	3	4	5	6	7
	2	3	4	5	6	7	8
Die	**3**	4	5	6	7	8	9
#2	**4**	5	6	7	8	9	10
	5	6	7	8	9	10	11
	6	7	8	9	10	11	12

2. Determine el número de resultados favorables contando el número de veces que la suma (3) aparece en la tabla: **2 veces**.

3. Determine el número total de posibles resultados contando en número de anotaciones en la tabla: **36**.

4. Substituya 2 resultados favorables y 36 posibles resultados totales en la fórmula de probabilidad, y luego reduzca:

$$P\,(Evento) = \frac{\#\ resultados\ favorables}{\#\ total\ de\ posibles\ resultados}$$

$$P(3) = \frac{2}{36} = \frac{1}{18}$$

Echando 3 veces no parece ser muy posible con su probabilidad de $\frac{1}{18}$. ¿Hay una suma que más o menos sea menos de 3?

Trate estos ejemplos basados en hechar un par de dados. Use la tabla anterior como ayuda para encontrar las respuestas. Los resultados son explicados paso a paso al final de la lección.

Preguntas de prueba

#1. What is the probability of throwing a sum of *at least* 7?

#2. What is the probability of throwing a sum of 7 or 11?

PRÁCTICA

A deck of ten cards contains one card with each number:

| 1 | 2 | 3 | 4 | 5 | 6 | 7 | 8 | 9 | 10 |

4. One card is selected from the deck. Find the probability of selecting each of the following:

_____ a) an odd number

_____ b) an even number

_____ c) a number less than 5

_____ d) a number greater than 5

_____ e) a 5

_____ f) a number less than 5, greater than 5, or equal to 5

_____ g) a number less than 10

_____ h) a multiple of 3

5. One card is selected from the deck and put back in the deck. A second card is then selected. Find the probability of selecting each of the following. (Hint: Make a table showing the first and second cards selected, similar to the dice table used for the sample questions.)

_____ a) a sum of 3

_____ b) a sum of 4

_____ c) a sum of 3 or 4

_____ d) a sum of 18

_____ e) a sum of 19

_____ f) a sum less than 20

6. One card is selected from the deck and put back in the deck. A second card is then selected.

_____ a) What is the most likely sum to be selected? What is its probability?

_____ b) What is the least likely sum to be selected? What is its probability?

PROBABILIDADES QUE SE SUMAN A 1

Piense nuevamente en el ejemplo de 2 botones rojos y 3 botones azules. La probabilidad de sacar un botón rojo es $\frac{2}{5}$ y la probabilidad de sacar un botón azul es de $\frac{3}{5}$. La suma de estas probabilidades es 1.

La suma de probabilidades de cada posible resultado de un evento es 1.

Note que el sacar un botón asul es equivalente a NO sacar un botón rojo:

$$P\,(No\,Rojo) = \frac{3}{5} \leftarrow \text{Número de favorables resultados} \atop \leftarrow \text{Número total de posibles resultados}$$

Por consiguiente, la probabilidad de sacar un botón rojo más la probabilidad de NO sacar un botón rojo es 1.

P (El evento ocurrirá) + P (El evento NO ocurrirá) = 1

Ejemplo: Una bolsa contiene fichas verdes, violetas, y amarillas. La probabilidad de sacar una ficha verde es $\frac{1}{4}$ y la probabilidad de sacar una ficha violeta es $\frac{1}{3}$. ¿Cuál es la probabilidad de seleccionar una ficha amarilla? Si hay 36 fichas en la bolsa, ¿cuántas de ellas son amarillas?

Solución:

1. La suma de todas las probabilidades es 1: $\quad\quad$ $P\,(green) + P\,(purple) + P\,(yellow) = 1$
2. Sustituya la probabilidades conocidas: $\quad\quad$ $\frac{1}{4} + \frac{1}{3} + P\,(yellow) = 1$
3. Resuelva para la ficha amarilla: $\quad\quad\quad\quad$ $\frac{7}{12} + P\,(yellow) = 1$

   La probabilidad de sacar una ficha amarilla es $\frac{5}{12}$. $\quad\quad$ $\frac{7}{12} + \frac{5}{12} = 1$
4. Por consiguiente, $\frac{5}{12}$ de las 36 fichas con amarillas: $\quad\quad$ $\frac{5}{12} \times 36 = \mathbf{15}$

Entonces, hay **15** fichas amarillas.

PRÁCTICA

Estos problemas escritos ilustran algunos ejemplos de probabilidades de la vida díaria. También le mostraran algunas de las maneras en que su conocimiento de probabilidades puedan ser evaluados en un examen.

_____ **7.** A player at a poker game has 50 chips: 25 red chips, 15 blue chips, and 10 white chips. If he makes his bet by picking a chip without looking, what is the probability that he'll pick a blue chip?

   a. 0.1 $\quad\quad$ **b.** 0.15 $\quad\quad$ **c.** 0.2 $\quad\quad$ **d.** 0.25 $\quad\quad$ **e.** 0.3

_____ **8.** What is the probability of drawing an ace from a regular deck of 52 playing cards?

   a. $\frac{1}{13}$ $\quad\quad$ **b.** $\frac{4}{13}$ $\quad\quad$ **c.** $\frac{1}{26}$ $\quad\quad$ **d.** $\frac{3}{26}$ $\quad\quad$ **e.** $\frac{1}{52}$

_____ **9.** A jar contains 80 marbles. The probability of selecting a red marble is $\frac{1}{2}$ and the probability of selecting a blue marble is $\frac{1}{8}$. How many marbles are in the jar that are not red or yellow?

    a. 10   **b.** 20   **c.** 30   **d.** 40   **e.** 50

_____ **10.** If a pair of dice is tossed, what is the most likely sum to throw?

    a. 6   **b.** 7   **c.** 8   **d.** 9   **e.** 10

_____ **11.** Two coins are tossed. What is the probability that both coins will land heads?

    a. 1   **b.** $\frac{3}{4}$ **c.** $\frac{1}{2}$ **d.** $\frac{1}{4}$ **e.** 0

Técnicas Adquiridas

Junte las siguientes monedas y póngalas en un cajón: 5 pennies, 3 nickels, 2 dimes y 1 cuarto de dólar. Sin mirar dentro del cajón, ponga su mano y saque una de ellas. Antes de tocar cualquiera de los objetos, determine la probabilidad de sacar cada moneda que usted primero toque.

RESPUESTAS

PROBLEMAS DE PRÁCTICA

1. blue

2. black

3. a) $\frac{1}{12}$

    b) $\frac{1}{6}$

    c) $\frac{1}{4}$ or 0.25

    d) $\frac{1}{2}$ or 0.5

    e) $\frac{1}{4}$ or 0.25

    f) $\frac{11}{12}$

    g) $\frac{11}{12}$

    h) 0

4. a) $\frac{1}{2}$ or 0.5

    b) $\frac{1}{2}$ or 0.5

    c) $\frac{2}{5}$ or 0.4

    d) $\frac{1}{2}$ or 0.5

    e) $\frac{1}{10}$ or 0.1

    f) $\frac{10}{10}$ or 1

    g) $\frac{9}{10}$ or 0.9

    h) $\frac{3}{10}$ or 0.3

5. a) $\frac{1}{50}$ or 0.02

    b) $\frac{3}{100}$ or 0.03

    c) $\frac{1}{20}$ or 0.05

    d) $\frac{3}{100}$ or 0.03

    e) $\frac{1}{50}$ or 0.02

    f) $\frac{99}{100}$ or 0.99

6. a) 11, with a probability of $\frac{1}{10}$ or 0.1

    b) 2 and 20, each with a probability of $\frac{1}{100}$ or 0.01

7. e.

8. a.

9. c.

10. b.

11. d.

Pregunta de prueba #1

1. Determine the number of favorable outcomes by counting the number of table entries containing a sum of *at least* 7:

Sum	# Entries
7	6
8	5
9	4
10	3
11	2
12	+1
	21

2. Determine the number of total possible outcomes by counting the number of entries in the table: 36.

3. Substitute 21 favorable outcomes and 36 total possible outcomes into the probability formula:

$$P \text{ (at least 7)} = \frac{21}{36} = \frac{7}{12}$$

Since the probability exceeds $\frac{1}{2}$, it's more likely to throw a sum of at least 7 than it is to throw a lower sum.

Pregunta de prueba #2

There are two ways to solve this problem.

Solution # 1:

1. Determine the number of favorable outcomes by counting the number of entries that are either 7 or 11:

Sum	# Entries
7	6
11	+2
	8

2. You already know that the number of total possible outcomes is 36. Substituting 8 favorable outcomes and 36 total possible outcomes into the probability formula yields a probability of $\frac{2}{9}$ for throwing a 7 or 11:

$$P \text{ (7 or 11)} = \frac{8}{36} = \frac{2}{9}$$

Pregunta de prueba #2 (continuación)

Solution #2:

1. Determine two separate probabilities—P (7) and P (11)—and add them together:

$$P(7) = \frac{6}{36}$$
$$+ P(11) = \frac{2}{36}$$
$$\overline{P(7) + P(11) = \frac{8}{36} = \frac{2}{9}}$$

Since P (7 or 11) = P (7) + P(11), we draw the following conclusion about events that don't depend on each other:

P (Event A or Event B) = P (Event A) + P (Event B)

15
TRABAJANDO CON PROBLEMAS ESCRITOS

RESUMEN DE LA LECCIÓN

Problemas escritos se presentan con mucha frecuencia tanto en exámenes de matemáticas como en la vida diaria. Esta lección le mostrará algunos acercamientos directos para resolverlos. Los problemas de prática de esta lección incorporan varias clases de matemáticas que usted ya ha estudiado en este libro.

n problema escrito dice una historia. También puede presentar una situación en términos numéricos o *desconocidos* o ambos. (Un *desconocido*, también llamado una *variable*, es una letra del alfabeto que es usada para representar a un número desconocido.) Típicamente, la última oración del problema escrito le preguntará por la respuesta. Este es un ejemplo:

La semana pasada, Jason ganó $57, y Karen ganó $82. ¿Cuánto más de dinero hizo Karen que Jason?

Problemas escritos incluyen todos aquellos conceptos estudiados en este libro:

- Aritmética (números enteros, fracciones, decimales)
- Porcentajes
- Razones y proporciones
- Promedios
- Probabilidades y conteo

Hacer todos los problemas de estos dos capítulos es una buena manera de revisar lo que ha aprendido en las lecciones anteriores.

PASOS PARA RESOLVER PROBLEMAS ESCRITOS

Mientras que algunos problemas pueden resolverse usando el sentido común o por intuición, la mayor parte de ellos requieren un acercamiento que envuelve muchos pasos, como los que siguen:

1. **Lea el problema escrito por *partes* en lugar de hacerlo de principio a fín.** A medida que usted lea cada parte, pare y piense sobre su significado. Tome notas, escriba una ecuación, nomine un diagrama acompañante, o dibuje una figura que represente la parte. Inclusive usted puede subrayar información importante de una parte. Repita el proceso con cada parte. Leer un problema por partes en lugar de hacerlo corridamente previene que el problema parezca ser muy complicado, y no tendrá que leerlo nuevamente para resolverlo.

2. **Cuando usted haya encontrado la pregunta directa, encierrelá en un círculo.** Esto lo mantendrá más enfocado a medida que vaya resolviendo el problema.

3. **Si es una pregunta de múltiples selecciones, repase las respuestas para ver si encuentra señales.** Si son fracciones, probablemente usted tenga que hacer su trabajo en fracciones; si son decimales lo propio; etc.

4. **Haga un plan de ataque** que le ayude a resolver el problema. Es decir, trate de determinar qué información ya tiene y como va a usarla para poder llegar a una solución.

5. **Cuando obtenga la respuesta, lea nuevamente la pregunta que encerró en un círculo para asegurarse de que la está respondiendo.** Esto ayuda evitar errores que por descuido sean las preguntas incorrectas. A los escritores de este tipo de exámenes les gusta poner un sin número de trampas: respuestas de selección múltiple generalmente incluyen respuestas que reflejan los errores más comúnmente hechos por los que toman los exámenes.

6. **Revise su trabajo despues de que haya obtenido la respuesta.** En un examen de selección múltiple, generalmente los que están tomando el examen sienten una seguridad que es falsa cuando encuentran la respuesta que corresponde con las respuestas dadas. Pero incluso si usted no está tomando un exámen de selección múltiple, usted siempre tiene que revisar su trabajo *si es que le queda tiempo*. Estas son algunas sugerencias:

   - Pregúntese a sí mismo si su respuesta es razonable, si tiene sentido.
   - Reemplaze el valor de su respuesta en el problema mismo y vea si éste no cambia.
   - Haga la pregunta por segunda vez, pero use un método diferente.

Si un problema de selección múltiple no le deja avanzar, trate uno de los métodos *alternativos*, la siguiente lección explica como trabajar con métodos *alternativos* o de *buenos números*.

TRADUCIENDO PROBLEMAS ESCRITOS

La parte más difícil de un problema escrito es traducir del idioma en que esté escrito al idioma matemático. Cuando lee un problema, con frecuencia usted puede traducirlo *palabra por palabra* de oraciones en el idioma usado a oraciones matemáticas. Pero muchas otras veces, una palabra clave le da la señal que determina que operación matemática se tiene que realizar. Las reglas de traducción son domostradas en la siguiente página.

EQUALS   key words: is, are, has

English	Math
Bob **is** 18 years old.	$B = 18$
There **are** 7 hats.	$h = 7$
Judi **has** 5 books.	$J = 5$

ADD   key words: sum; more, greater, or older than; total; altogether

English	Math
The **sum** of two numbers is 10.	$x + y = 10$
Karen has $5 **more than** Sam.	$K = 5 + S$
The base is 3″ **greater than** the height.	$b = 3 + h$
Judi is 2 years **older than** Tony.	$J = 2 + T$
Al threw the ball 8 feet **further than** Mark.	$A = 8 + M$
The **total** of three numbers is 25.	$a + b + c = 25$
How much do Joan and Tom have **altogether**?	$J + T = ?$

SUBTRACT   key words: difference; fewer, less, or younger than; remain; left over

English	Math
The **difference** between two numbers is 17.	$x - y = 17$
Jay is 2 years **younger than** Brett.	$J = B - 2$ (NOT $2 - B$)
After Carol ate 3 apples, r apples **remained.**	$r = a - 3$
Mike has 5 **fewer** cats **than** twice the number Jan has.	$M = 2J - 5$

MULTIPLY   key words: of, product, times

English	Math
25% **of** Matthew's baseball caps	$0.25 \times m$, or $0.25m$
Half **of** the boys	$\frac{1}{2} \times b$, or $\frac{1}{2}b$
The **product** of two numbers is 12.	$a \times b = 12$, or $ab = 12$

Notice that it isn't necessary to write the times symbol ($\times$) when multiplying by an unknown.

DIVIDE   key word: per

English	Math
15 blips **per** 2 bloops	$\frac{15 \text{ blips}}{2 \text{ bloops}}$
60 miles **per** hour	$\frac{60 \text{ miles}}{1 \text{ hour}}$
22 miles **per** gallon	$\frac{22 \text{ miles}}{1 \text{ gallon}}$

DISTANCE FORMULA: DISTANCE = RATE × TIME

Look for words like plane, train, boat, car, walk, run, climb, swim, travel, move

How far did the **plane travel** in 4 hours if it averaged 300 miles per hour?

$$d = 300 \times 4$$
$$d = 1{,}200 \text{ miles}$$

Ben **walked** 20 miles in 4 hours. What was his average speed?

$$20 = r \times 4$$
$$5 \text{ miles per hour} = r$$

USANDO LAS REGLAS DE TRADUCCIÓN

Este es un ejemplo de cómo resolver un problema escrito usando la tabla de traducción.

Ejemplo: Carlos comió $\frac{1}{3}$ de pastillas a colores. Luego María comió $\frac{3}{4}$ del resto de las pastillas, dejando solamente 10 pastillas. Para empezar, ¿cuántas pastillas de colores había?

a. 60   **b.** 80   **c.** 90   **d.** 120   **e.** 140

Esta es la manera en que marcamos la pregunta y tomamos notas a medida que leíamos el problema. Note cómo hemos usado abreviaciones para reducir la cantidad de palabras escritas. En lugar de escribir los nombres de las personas que comieron las pastillas, solamente usamos la primera letra de cada nombre; escribimos la letra p en lugar de pastillas.

Ejemplo: <u>Carlos</u> comió $\frac{1}{3}$ de pastillas a colores. Luego <u>María</u> comió $\frac{3}{4}$ del <u>resto de</u> las pastillas, <u>dejando</u> solamente 10 pastillas. (Para empezar), ¿cuántas pastillas de colores (había)?

$$C = \frac{1}{3}p$$
$$M = \frac{3}{4} \text{ resto de}$$
$$10 \text{ dejando}$$

El acercamiento directo que sigue supone que usted sepa de fracciones y álgebra elemental. Con las anteriores lecciones como referencia, usted no va a tener ningún problema en usar este método. De todas maneras, el mismo problema se presenta en la próxima lección, pero es resuelto usando otro tipo de método, working backwards, que no envuelve conocimiento de álgebra.

Lo que sabemos:

- Carlos y Maria, cada uno de ellos, comió pastillas de colores.
  Carlos comió $\frac{1}{3}$ de ellas, dejando un tanto para María.
  Después María comió $\frac{3}{4}$ de las pastillas que dejó Carlos.
- Después, había solamente 10 pastillas.

La pregunta es: Para empezar, ¿cuántas pastillas de colores había?

Plan de ataque:

- Determine cuántas pastillas comieron Carlos y María separadamente.
- Sume 10, el número de pastillas que dejaron, para obtener el número de pastillas que había antes de que empezaran a comerlas.

Solución: Vamos a asumir que había p pastillas de colores cuando Carlos empezó a comerlas. Carlos comió $\frac{1}{3}$ **de** ellas, o $\frac{1}{3}p$ pastillas (**de** significa multiplicar). Ya que María comió una fracción del **resto** (de lo que Carlos dejó) de las pastillas, tenemos que **sustraer** para encontrar cuantas pastillas dejó Carlos para ella: $p - \frac{1}{3}p = \frac{2}{3}p$. Entonces, María comió $\frac{3}{4}$ **de** los $\frac{2}{3}p$ pastillas que Carlos dejó para ella, o $\frac{3}{4} \times \frac{2}{3}p$ pastillas, que es $\frac{1}{2}p$. Juntos, Carlos y María comieron $\frac{1}{3}p + \frac{1}{2}p$ pastillas, o $\frac{5}{6}p$ pastillas. Sume el número de pastilles que ambos comieron ($\frac{5}{6}p$) y las diez pastillas que sobraron para obtener el número de pastillas con el que empezaron, y resuelva la ecuación:

$$\frac{5}{6}p + 10 = p$$
$$10 = p - \frac{5}{6}p$$
$$10 = \frac{1}{6}p$$
$$60 = p$$

Por consiguiente, hay 60 pastillas con las que se empezaron.

Revisión: Podemos hacer esto añadiendo o reemplazando 60 en el problema original para ver si el resultado tiene sentido.

Carlos comió $\frac{1}{3}$ de las **60** pastillas. Luego María comió $\frac{3}{4}$ del resto de las pastillas, lo que dejó solo 10 pastillas. ¿Cuántas pastillas había inicialmente?

Carlos comió $\frac{1}{3}$ de las **60** pastillas, es decir 20 pastillas ($\frac{1}{3} \times 60 = 20$). Eso quiere decir que quedaron 40 pastillas para María ($60 - 20 = 40$), de las cuales ella comió $\frac{3}{4}$, es decir 30 pastillas ($\frac{3}{4} \times 40 = 30$). Lo que significa que quedaron solo 10 pastillas ($40 - 30 = 10$), lo cual está de acuerdo con el problema.

Trate este ejercicio y compruebe sus resultados con la solución explicada paso a paso al final de la lección.

Pregunta de prueba

#1. Four years ago, the sum of the ages of four friends was 42 years. If their ages were consecutive numbers, what is the current age of the oldest friend?

PRÁCTICA DE PROBLEMAS ESCRITOS

Estos problemas incorporan todas las clases de ejercicios matemáticos hastas ahora presentados en este libro. Si usted no puede contestar todas las preguntas, no se preocupe. Pero asegúrese de apuntar que áreas usted tiene que ejercitar más y vuelva a revisar la lección apropiada.

Números enteros

_____ **1.** Mark invited ten friends to a party. Each friend brought 3 guests. How many people came to the party, including Mark?

_____ **2.** A certain type of rope is packaged in 30-foot lengths, but it must be cut into 4-foot lengths for a particular job. If 45 such pieces are needed for the job, how many packages of rope must be used?

Fracciones

_____ **3.** If $\frac{1}{3}$ of a number is 25, then what is $\frac{1}{5}$ of the number?

_____ **4.** At a three-day hat sale, $\frac{1}{5}$ of the hats were sold the first day, $\frac{1}{4}$ of the hats were sold the second day, and $\frac{1}{2}$ of the hats were sold on the third day. What fraction of the hats were NOT sold during the three days?

_____ **5.** Claire planted cucumbers in straight rows in her garden, harvesting $\frac{5}{7}$ of a pound of cucumbers for each row she planted. If she harvested a total of $2\frac{1}{2}$ pounds, how many rows of cucumbers had she planted?

Decimales

_____ **6.** Joan went shopping with $100 and returned home with only $18.42. How much money did she spend?

_____ **7.** The decimal 0.004 is equivalent to the ratio of 4 to what number?

_____ **8.** An African elephant eats about 4.16 tons of hay each month. At this rate, how many tons of hay will three African elephants eat in one year?

Porcentajes

_____ **9.** The cost for making a telephone call from Vero Beach to Miami is 37¢ for the first 3 minutes and 9¢ per each additional minute. There is a 10% discount for calls placed after 10 p.m. What is the cost of a 10-minute telephone call placed at 11 p.m.?

_____ **10.** Irene left a $2.40 tip for dinner, which was 15% of her bill. How much was her dinner, excluding the tip?

Razones y proporciones

_____ **11.** To make lemonade, the ratio of lemon juice to water is 3 to 8. How many ounces of lemon juice are needed to blend with 36 ounces of water?

_____ **12.** The Blue Dolphin's shortstop hit the ball 8 out of 12 times at bat. If he bats 9 more times, how many more hits can he expect, assuming he bats at the same rate?

_____ **13.** To make the movie _King Kong_, an 18-inch model of the ape was used. On screen, King Kong appeared to be 50 feet tall. If the building he climbed appeared to be 800 feet tall on screen, how big was the model building in inches?

Promedios

_____ **14.** What is the average of $\frac{3}{4}$, $\frac{3}{4}$, and $\frac{1}{2}$?

_____ **15.** The table below shows the selling price of Brand X pens during a five-year period. What was the average selling price of a Brand X pen during this time?

Year	1990	1991	1992	1993	1994
Price	$1.95	$2.00	$1.95	$2.05	$2.05

Probabilidad y conteo

_____ **16.** Of the 12 marbles in a bag, 5 are red, 3 are white, and 4 are blue. What is the probability of selecting a red marble?

Distancia

_____**17.** The hare and the turtle were in a race. The hare was so sure of victory that he started a 24-hour nap just as the turtle got started. The poor, slow turtle crawled along at a speed of 20 feet per hour. How far had he gotten when the overly confident hare woke up? The length of the race course was 530 feet and the hare hopped along at a speed of 180 feet per hour. (Normally, he was a lot faster, but he sprained his lucky foot as he started the race and could only hop on one foot.) Could the hare overtake the turtle and win the race? If not, how long would the course have to be for the race to end in a tie?

Técnicas Adquiridas

La próxima vez que usted entre en un almacén, lleve consigo un pequeño cuaderno de notas y busque a su alrededor por anuncios de descuentos sacados del precio original de un producto. Primero, escriba el precio original del producto. Luego, cree un problema que pregunte el monto que usted podría ahorrar si usted comprara el producto a precio de liquidación. Después de haber escrito el problema, trate de resolverlo.

RESPUESTAS

PROBLEMAS DE PRÁCTICA

1. 41
2. 6
3. 15
4. $\frac{1}{20}$
5. $3\frac{1}{2}$

6. $81.58
7. 1,000
8. 149.76
9. 90¢
10. $16

11. $13\frac{1}{2}$
12. 6
13. 288
14. $\frac{2}{3}$
15. $2

16. $\frac{5}{12}$
17. 480 feet, no, 540 feet

Pregunta de prueba #1

Here's how to mark up the problem:

Four years ago, the sum of the ages of four friends was 42 years. If their ages were consecutive numbers, what is the current age of the oldest friend?

What we know:

- Four friends are involved.
- Four years ago, the sum (which means *add*) of their ages was 42.
- Their ages are *consecutive* (think: that means numbers in sequence, like 4, 5, 6, etc.).

The question itself:

How old is the *oldest* friend NOW?

Plan of attack:

Use algebra or trial-and-error to find out how old the friends were four years ago. After finding their ages, add them up to make sure they total 42. Then add 4 to the oldest to find his current age.

Solution:

Let the consecutive ages of the four friends four years ago be represented by: $f, f+1, f+2$, and $f+3$. Since their sum was 42 years, write and solve an equation to add their ages:

$$f + f + 1 + f + 2 + f + 3 = 42$$
$$4f + 6 = 42$$
$$4f = 36$$
$$f = 9$$

Since f represents the age of the youngest friend four years ago, the youngest friend is currently 13 years old ($9 + 4 = 13$). Since she is 13, the ages of the four friends are currently 13, 14, 15, and 16. Thus, the oldest friend is currently 16.

Check:

Add up the friends' ages of four years ago to make sure the total is 42: $9 + 10 + 11 + 12 = 42$. Check the rest of your arithmetic to make sure it's correct.

L·E·C·C·I·Ó·N 16

TÉCNICAS ALTERNATI-VAS PARA RESOLVER PROBLEMAS ESCRITOS

RESUMEN DE LA LECCIÓN

Esta lección introduce algunas técnicas "alternativas" que usted puede usar para resolver problemas escritos que parezcan muy difíciles para resolverlos usando un método tradicional.

 uchos problemas escritos son, en realidad, más fáciles de resolver usando técnicas "alternativas." Estos acercamientos trabajan especialmente bien con problemas de selección múltiple, pero muchas veces también pueden ser usados para responder problemas escritos que no son presentados de esa manera.

NÚMEROS SIMPÁTICOS

Los *números simpáticos* son muy útiles cuando hay números desconocidos en el texto del problema escrito (for ejemplo: g galones de pintura) eso hace que el problema sea muy abstracto para usted. Al substituir *números simpáticos* en el problema, usted puede transformar un problema abstracto en uno concreto. (Vea problemas de práctica 1 al 8).

He aquí cómo usar la técnica de los números simpáticos.

1. Cuando el texto de un problema escrito contiene cantidades desconocidas, reemplace estos números desconocidos por números simpáticos. Un número amigable es aquel número fácil de calcular y que hace sentido dentro del contexto del problema.

2. Lea el problema con los números simpáticos ya reemplazados. Luego resuelva la ecuación que se pregunta.

3. Si las selecciones de respuestas son numéricas, la selección que se iguala a su respuesta es la correcta.

4. Si la selección de respuestas contiene números desconocidos, substituya los mismos números en **todas** las posibles respuestas. La selección que corresponda a su respuesta es la correcta. Si más de una respuesta es igual, significa que tiene que hacerlo nuevamente pero usando otros números simpáticos. Solo tiene que revisar las respuestas posibles que ya han sido establecidas.

Esta es la manera de usar la técnica en un problema escrito

Ejemplo: Judi fue de compras con un número p de dólares en su bolsillo. Si el precio de unas camisas era c camisas por d dólares, ¿cuál es el máximo número de camisas que Judi puede comprar con el dinero que lleva en el bolsillo?

a. pcd **b.** $\frac{pc}{d}$ **c.** $\frac{pd}{c}$ **d.** $\frac{dc}{p}$

Solución:

Trate estos números simpáticos:

$p = \$100$

$c = 2$

$d = \$25$

Substituya los números desconocidos del problema y de **todas** las posibles respuestas por estos números. A continuación lea el Nuevo problema y resuelva la pregunta usando sus habilidades de deducción:

Judi fue de compras con **\$100** dólares en su bolsillo. Si el precio de **2** camisas era de **\$25** dólares, ¿cuál es el máximo número de camisas que Judi puede comprar con el dinero que lleva en el bolsillo?

a. $100 \times 2 \times 25 = 5000$ **b.** $\frac{100 \times 2}{25} = 8$ **c.** $\frac{100 \times 25}{2} = 1250$ **d.** $\frac{25 \times 2}{100} = \frac{1}{2}$

Ya que 2 camisas cuestan \$25, eso significa que 4 camisas cuestan \$50, y 8 camisas cuestan \$100. Entonces, la respuesta a nuestra nueva pregunta es **8**. La respuesta b es la respuesta correcta a la pregunta original por que es la única que equivale a nuestra respuesta cuyo resultado es **8**.

Use números simpáticos para resolver el problema de prueba #1. Las respuestas se explican paso a paso al final de la lección.

Pregunta de prueba

#1. If a dozen pencils cost p cents and a dozen erasers cost e cents, what is the cost, in cents, of 4 pencils and 3 erasers?

    a. $4p + 3e$ **b.** $3p + 4e$ **c.** $\frac{4p + 3e}{12}$ **d.** $\frac{3p + 4e}{12}$

TRABAJANDO AL REVÉS

Trabajando al revéz es una manera relativa de substituir posibles repuestas numéricas dentro del problema para ver cuál de ellas está de acuerdo con todos los hechos establecidos en el problema. Este proceso es más fácil de lo que usted cree por que es más probable que usted tenga que substituir una o dos preguntas para poder encontrar la verdadera. (Vea problemas de práctica 4, 14, 15.)

Este método solo funciona cuando:

- Todas las respuestas posibles son números.
- Se requiere que usted encuentre un número simple, no una suma, producto, diferencia o ración.

Esto es lo que tiene que hacer:

1. Vea todas las posibles respuestas y comience con la que está en el medio de todas ellas. Por ejemplo, si las respuestas con 14, 8, 2, 20, y 25, empiese por reemplazar 14 en el problema.

2. Si su elección no funciona, elimínela. Tome unos segundos para tratar de determinar si es que necesita un número más grande o más pequeño. Elimine las posibles respuestas que usted sabe que no van a funcionar por que son muy grandes o muy pequeñas.

3. Reemplace una de las posibilidades restantes.

4. Si una de las respuestas funciona, quizás usted haya hecho un error. Comience nuevamente y trate de encontrar su error.

Usando la técnica, *trabajando al revés,* esta es una manera de resolver el problema de las pastillas de colores presentado en la Lección 15.

Ejemplo: Carlos comió $\frac{1}{3}$ de pastillas a colores. Luego María comió $\frac{3}{4}$ del resto de las pastillas, dejando solamente 10 pastillas. ¿Cuántas pastillas de colores habían al empesar?

    a. 60   **b.** 80   **c.** 90   **d.** 120   **e.** 140

Solución:

Comience con el número del medio: Asuma que había **90** pastillas para empezar.

Ya que Carlos comió $\frac{1}{3}$ de las pastillas, eso significa que él comió 30($\frac{1}{3} \times 90$), dejando 60 pastillas para María (90 − 30= 60). Luego María comió $\frac{3}{4}$ de las 60 pastillas, es decir 45 de ellas ($\frac{3}{4} \times 60 = 45$). Eso deja 15 pastillas (60 − 45 = 15).

El problema afirma que había **10** pastillas y que terminamos con **15** de ellas. Eso indica que empezamos con un número muy grande. Entonces, 120 y 140 son también incorrectos por que son ¡muy grandes! Con solo dos posibilidades disponibles, usemos nuestro sentido común y decidamos cual se debe de usar primero. La próxima posible respuesta pequeña es 80, pero es solamente un poco menos que 90 y puede que no sea lo suficientemente pequeña. Entonces, tratemos **60**:

Debido a que Carlos comió $\frac{1}{3}$ de las pastillas, lo que significa que él comió 20 ($\frac{1}{3} \times 60 = 20$), dejando 40 pastillas para María (60 − 20 = 40). Entonces María comió $\frac{3}{4}$ de las 40 pastillas, o 30 de ellas ($\frac{3}{4} \times 40 = 30$). Eso nos deja con 10 pastillas (40 − 30 = 10).

Nuestro resultado (**10** pastillas) está de acuerdo con el problema. La respuesta correcta es **a**.

Pregunta de prueba

#2. Remember the age problem in the last lesson? Here it is again. Solve it by *working backwards*. Four years ago, the sum of the ages of four friends was 42 years. If their ages were consecutive numbers, what is the current age of the oldest friend?

a. 12　　　　**b.** 13　　　　**c.** 14　　　　**d.** 15　　　　**e.** 16

APROXIMACIÓN

Si los números de un problema son difíciles de manejar, aproxímelos a números que estén relativamente cerca y con los cuales sea más fácil trabajar; seguidamente busque la respuesta que esté más cerca a la suya. Naturalmente, si hay más de una respuesta que esté cerca de la suya, es más probable que usted tenga que aproximar los números mucho más o que tenga que usar los números establecidos en el problema. **Use este método en cualquier problema que usa la palabra *aproximadamente*.** (Vea los problemas de prática 6 y 7 que siguen).

PROCESO DE ELIMINACIÓN

Si usted realmente no sabe cómo resolver un problema de respuestas múltiples y ninguna de las otras técnicas funcionan para usted, puede ser posible que usted haga una "educada aproximación". Examine cada respuesta posible y pregúntese si es ésta es *razonable*. No es rara la posibilidad de poder eliminar algunas respuestas que parezcan muy grandes o muy pequeñas. (Vea los problemas de práctica 2, 9, y 18 que siguen).

PRACTIQUE PROBLEMAS ESCRITOS

Si usted encuentra dificultades con los siguientes problemas, usted sabrá cuales son las lecciones que usted tiene que consultar y revisar.

Números enteros

1. Ron cuts each of $p + 4$ pizzas into 8 slices. In terms of p, how many slices did Ron cut in total?
   a. $8p + 4$ **b.** $p + 32$ **c.** $12p$ **d.** $12p + 4$ **e.** $8p + 32$

2. Carole wants to print a banner that contains her name in capital letters. Each letter is to be 7 inches wide with 1 inch between letters. There will be a 2-inch border on each side of her name. How many inches wide will the banner be?
   a. 7   **b.** 10   **c.** 42   **d.** 51   **e.** 72

Fracciones

3. If the top number and the bottom number of a *proper* fraction are both increased by 3, what happens to the value of the fraction?
   a. It increases.   **b.** It decreases.   **c.** It remains the same.   **d.** Not enough information to determine the answer.

4. The weight of a bag of bricks plus $\frac{1}{4}$ of its weight is 25 pounds. How much does the bag of bricks weigh, in pounds?
   a. 5   **b.** 8   **c.** 16   **d.** 18   **e.** 20

5. If $\frac{a}{b}$ is a fraction whose value is greater than 1, which of the following is a fraction whose value is always less than 1?
   a. $\left(\frac{a}{b}\right) \times \left(\frac{a}{b}\right)$ **b.** $\frac{a}{3b}$ **c.** $\frac{b}{a}$ **d.** $3\frac{a}{b}$ **e.** $\frac{a+b}{b}$

Decimales

6. Which of the following is closest in value to 8?
   a. $0.4 \div 2$ **b.** 3.92×2.03 **c.** $(2.6)^2$ **d.** 2×0.4 **e.** $5\frac{1}{2} + 3\frac{2}{3}$

7. At a price of \$0.82 per pound, what is the approximate cost of a turkey weighing $9\frac{1}{4}$ pounds?
   a. \$7.00   **b.** \$7.20   **c.** \$7.60   **d.** \$8.25   **e.** \$9.25

8. PakMan ships packages for a base price of b dollars plus an added charge based on weight: c cents per pound or part thereof. What is the cost, in <u>dollars</u>, for shipping a package that weighs p pounds?
   a. $b + \frac{pc}{100}$ **b.** $p + \frac{bc}{100}$ **c.** $b + 100pc$ **d.** $\frac{bpc}{100}$ **e.** $p + 100bc$

Porcentajes

9. Of the 30 officers on traffic duty, 20% didn't work on Friday. How many officers worked on Friday?

    a. 6   **b.** 10   **c.** 12   **d.** 14   **e.** 24

10. After running $1\frac{1}{2}$ miles on Wednesday, a runner had covered 75% of her planned route. How many miles did she plan to run that day?

    a. 2   **b.** $2\frac{1}{4}$ **c.** $2\frac{1}{2}$ **d.** $2\frac{3}{4}$ **e.** 3

Razones y proporciones

11. Mr. Emory makes his special blend of coffee by mixing espresso beans with Colombian beans in the ratio of 4 to 5. How many pounds of espresso beans does he need to make 18 pounds of his special blend?

    a. 4   **b.** 5   **c.** 8   **d.** 9   **e.** 10

12. A recipe calls for 3 cups of sugar and 8 cups of flour. If only 6 cups of flour are used, how many cups of sugar should be used?

    a. 1   **b.** 2   **c.** $2\frac{1}{4}$ **d.** 4   **e.** 16

Promedios

13. The average of eight different numbers is 5. If 1 is added to the largest number, what is the resulting average of the eight numbers?

    a. 5.1   **b.** 5.125   **c.** 5.25   **d.** 5.5   **e.** 610

14. Lieutenant James made an average of 3 arrests per week for 4 weeks. How many arrests does she need to make in the fifth week to raise her average to 4 arrests per week?

    a. 4   **b.** 5   **c.** 6   **d.** 7   **e.** 8

15. The average of 3 unique numbers is 50. If the lowest number is 30, what is the sum of the other two numbers?

    a. 100   **b.** 110   **c.** 120   **d.** 150   **e.** Cannot be determined

Probabilidad

16. What is the probability of drawing a king from a regular deck of 52 playing cards?

    a. $\frac{4}{13}$ **b.** $\frac{3}{26}$ **c.** $\frac{1}{26}$ **d.** $\frac{1}{52}$ **e.** $\frac{1}{13}$

17. What is the probability of rolling a total of 7 on a single throw of two fair dice?

    a. 1 in 12   **b.** 1 in 6   **c.** 1 in 4   **d.** 1 in 3   **e.** 1 in 2

Distancia

18. On a 900-mile trip between Palm Beach and Washington, a plane averaged 450 miles per hour. On the return trip, the plane averaged 300 miles per hour. What was the average rate of speed for the round trip, in miles per hour?

    a. 300   **b.** 330   **c.** 360   **d.** 375   **e.** 450

Técnicas Adquiridas

Revise los problemas de práctica de los anteriores capítulos y vea cuantas preguntas difíciles pueden ser respondidas usando el método de técnicas alternativas. Usted se sorprenderá por el número de preguntas que pueden ser resueltas insertando una de las posibles respuestas y viendo si funciona o no.

RESPUESTAS

PROBLEMAS DE PRÁCTICA

1. e.	**6.** b.	**11.** c.	**16.** e.
2. d.	**7.** c.	**12.** c.	**17.** b.
3. a.	**8.** a.	**13.** b.	**18.** c.
4. e.	**9.** e.	**14.** e.	
5. c.	**10.** a.	**15.** c.	

Pregunta de prueba #1

Suppose you substituted $p = 12$ and $e = 24$. Here's what would have happened:

If a dozen pencils cost **12** cents and a dozen erasers cost **24** cents, what is the cost, in cents, of 4 pencils and 3 erasers?

    a. $4 \times 12 + 3 \times 24 = 120$ **b.** $3 \times 12 + 4 \times 24 = 132$

    c. $\frac{4 \times 12 + 3 \times 24}{12} = \frac{120}{12} = 10$ **d.** $\frac{4 \times 24 + 3 \times 12}{12} = \frac{123}{12} = 11$

Since a dozen pencils cost 12¢, 1 pencil costs 1¢ and 4 pencils cost 4¢. Since a dozen erasers cost 24¢, 1 eraser costs 2¢ and 3 erasers cost 6¢. Therefore, the total cost of 4 pencils and 3 erasers is **10¢**. Since only answer choice **c** matches, the correct answer is $\frac{4p + 3e}{12}$.

Pregunta de prueba #2

Begin with answer choice **c**. If the current age of the oldest friend is 14, that means the four friends are currently 11, 12, 13, and 14 years old. Four years ago, their ages would have been 7, 8, 9, and 10. Because the sum of those ages is only 34 years, answer choice **c** is too small. Thus, answer choices **a** and **b** are also too small.

Suppose you tried answer choice **d** next. If the current age of the oldest friend is 15, that means the four friends are currently 12, 13, 14, and 15 years old. Four years ago, their ages would have been 8, 9, 10, and 11. Because the sum of those ages is only 38 years, answer choice **d** is also too small. That leaves only answer choice **e**.

Even though **e** is the only choice left, try it anyway, just to make certain it works. If the oldest friend is currently 16 years old, then the four friends are currently 13, 14, 15, and 16. Four years ago, their ages would have been 9, 10, 11, and 12. Since their sum is 42, answer choice **e** is correct.

Did you notice that answer choice **a** is a "trick" answer? It's the age of the oldest friend four years ago. Beware! Test writers love to include "trick" answers.

INTRODUCCIÓN A LA GEOMETRÍA

17

RESUMEN DE LA LECCIÓN

Las tres lecciones de geometría de este libro son una revisión rápida de los elementos fundamentales, diseñados para familiarizarlo con los temas más comunmente usados y evaluados. Esta lección examina algunos de los fundamentos geométricos—puntos, líneas, planos, y ángulos—y le dará las definiciones que usted necesita para continuar con las otras dos lecciones.

Típicamente, la geometría representa sólo una pequeña parte de la mayor parte de los examenes estandarizados. Las preguntas de geometría que son incluídas tienden a cubrir lo básico: puntos, líneas, planos, ángulos, triángulos, rectángulos, cuadrados y círculos. Puede que se le pregunte que determine el área o perímetro de una figura, el tamaño de un ángulo, la dimension de una línea, etc. Algunos problemas escritos también incluyen geometría. Y como los problemas escritos lo podrán demostrar, problemas geométricos también se presentan en la vida real.

Puntos, líneas y planos

¿QUÉ ES UN PUNTO?

Un punto tiene una posición pero no un tamaño o una dimension. Generalmente es representado por una marca circular muy pequeña con una letra mayúscula a su lado: • A

¿QUÉ ES UNA LÍNEA?

Una línea consiste de un número indefinido de puntos que se extiende indefinidamente en ambas direcciones.

Una línea puede ser denominada de dos maneras:

- Por una letra al final (usualmente en minúsculas): *l*
- Por dos puntos sobre la línea: $\overleftrightarrow{AB}$ o $\overrightarrow{BA}$

La siguiente terminología es generalmente usada en examenes de matemáticas:

- Puntos con **colineales** si están sobre la misma línea. Los puntos J, U, D, e I son colineales.

- Un **segmento de línea o segmento linear** es una sección de una línea con dos puntos finales. El segmento linear a al derecha es indicado como $\overline{AB}$.

- El **punto medio** es un pundo en un segmento linear que lo divide en dos segmentos de igual tamaño. M es el punto medio del segmento $\overline{AB}$.

- Dos segmentos del mismo tamaño son conocidos como **congruentes**. Los segmentos congruentes son indicados con una marca similar en cada línea del segmento. $\overline{EQ}$ y $\overline{QU}$ son congruentes. $\overline{UA}$ y $\overline{AL}$ son congruentes. Ya que cada par de segmentos congruentes está marcado diferentemente, los cuatro segmentos NO son congruentes el uno con el otro.

- Cuando un segmento linear (o línea) divide otro segmento en dos líneas congruentes se dice que lo **bisecta**. $\overline{XY}$ bisecta $\overline{AB}$.

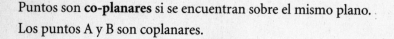

¿QUÉ ES UNA PLANO?

Un plano es como una superficie plana que no tiene espesor. A sar de que un plano se extiende indefinidamente en todas direcciones, es usualmente representado por una figura de cuatro lados y nombrado por una letra mayúscula colocada en una esquina del plano: K.

Puntos son **co-planares** si se encuentran sobre el mismo plano. Los puntos A y B son coplanares.

ÁNGULOS

¿QUÉ ES UN ÁNGULO?

Un ángulo se forma cuando dos líneas se encuentran en un punto:
Las líneas se las conoce como los lados del ángulo y el punto donde
se encuentran de llama el vértice del ángulo.

El símbolo que se usa para indicar un ángulo es ∠.

Existen tres maneras de denominar un ángulo:
- Por la letra que nombra al vértice: ∠B
- Por las tres letras que nombran al ángulo: ∠ABC o ∠CBA, con la letra del vértice en el centro.
- Por el número dentro del vértice: ∠1

El tamaño de un ángulo está basado en la apertura dentro de sus lados. El tamaño se mide en **grados** (°).
Mientras más pequeño el ángulo, menor el número de grados que tiene. Angulos son clasificados por tamaño.
Note como el arco (⌒) indica a cuál de los dos ángulos se refiere:

Ángulo Agudo: Menos de 90°

Ángulo Recto: exactamente 90°

Ángulo Plano: exactamente 180°

Ángulo Obtuso: más de 90°
y menos de 180°

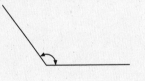

El pequeño cuadrado indica un ángulo recto.
Un ángulo recto está formado por dos
líneas perperdiculares. (Líneas perpendiculares
se explicaran en la siguiente lección.)

PRÁCTICA

Clasifique y nombre cada ángulo.

_____ **1.**

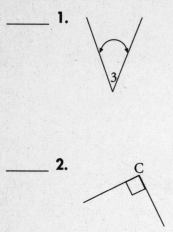

_____ **2.**

_____ **3.**

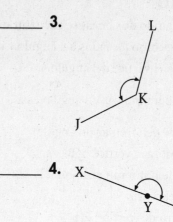

_____ **4.**

ÁNGULOS CONGRUENTES

Dos ángulos que tienen el mismo número de grados se los conoce como *congruentes*.

Ángulos congruentes se marcan de la misma manera.

El símbolo ≅ es usado para congruencia entre dos ángulos:
∠A ≅ ∠B; ∠C ≅ ∠D.

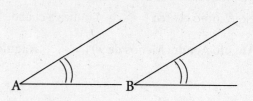

ÁNGULOS COMPLEMENTARIOS, SUPLEMENTARIOS Y VERTICALES

Basados en su relación recíproca, ciertos pares de ángulos son denominados de la siguiente manera:

- **Angulos complementarios**: Dos ángulos cuya suma es 90°.

∠ABD y ∠DBC son ángulos *complementarios*.

∠ABD es el *complemento* de ∠DBC, y vice versa.

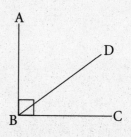

Ángulos suplementarios: Dos ángulos cuya suma es 180°.

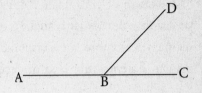

∠ABD y ∠DBC son ángulos *suplementarios.*

∠ABD es el *suplemento* de ∠DBC, y vice versa.

Clave: Para prevenir la confusion de complementarios y suplementarios:

En el alfabeto C está primero que S, y 90 está antes que 180.

Complementario = 90°

Suplementario = 180°

■ **Ángulos rectos:** Dos ángulos opuestos cuando dos líneas se cruzan.

Dos pares de ángulos rectos son formados:

∠1 y ∠3

∠2 y ∠4

Ángulos rectos son congruentes.

Cuando dos líneas se cruzan, los ángulos *adyacentes* son suplementarios

y la suma de los cuatro ángulos es de 360°.

PROBLEMAS DE ÁNGULOS EN PARES

Los problemas de ángulos en pares tienden a preguntar por el complemento o el suplemento de un ángulo.

Ejemplo: Si ∠A = 35°, ¿cuál es el tamaño de su suplemento?

Para encontrar el complemento de un ángulo, reste el ángulo de 90°:   90° − 35° = **55°**

Revise: Sume los ángulos para estar seguro de que la suma es de 90°.

Ejemplo: Si ∠A = 35°, ¿cuál es el tamaño de su suplemento?

Para encontrar el suplemento de un ángulo, reste el ángulo de 180°:   180° − 35° = **145°**

Revise: Sume los ángulos para estar seguro de que la suma es de 180°.

Ejemplo: Si ∠2 = 70°, ¿cuál es el tamaño de cada uno de los otros tres ángulos?

Solución:

1. ∠2 ≅ ∠4 por que son ángulos rectos.

Entonces, ∠4 = **70°**.

2. ∠1 y ∠2 son ángulos adyacentes y por consiguiente suplementarios.

Entonces, ∠1 = **110°** (180° − 70° = 110°).

3. ∠1 ≅ ∠3 por que son también ángulos rectos.

Entonces, ∠3 = **110°**.

Revise: Sume los ángulos para estar seguro de que la suma es de 360°.

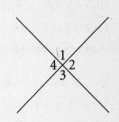

Para resolver problemas de geometría más fácilmente, dibuje una figura si es que no está incluida en el problema. Trate de dibujar la figura a escala. Si el problema presenta información del tamaño de un ángulo o de un segmento. Nombre la correspondiente parte en su figura para que refleje la información dada. A medida que comience a encontrar la información que falta, empiese también a nombrar su figura.

PRÁCTICA

_____ **5.** What is the complement of a 30° angle?

_____ **6.** What is the complement of a 5° angle? The supplement?

_____ **7.** What is the supplement of a 100° angle?

_____ **8.** In order to paint the second story of his house, Alex leaned a ladder against the side of his house, making an acute angle of 58° with the ground. Find the size of the *obtuse* angle the ladder made with the ground.

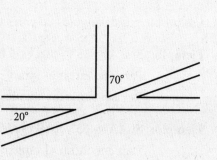

_____ **9.** Confusion Corner is an appropriately named intersection that confuses drivers unfamiliar with the area. Referring to the street plan on the right, find the size of the three unmarked angles.

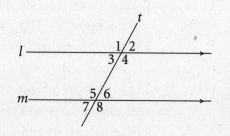

PARES DE LÍNEAS ESPECIALES

LÍNEAS PARALELAS

Líneas paralelas son aquellas que se encuentran en el mismo plano y no se cruzan en ningún punto.

Las flechas de las líneas indican que son paralelas. El símbolo ‖ es usado para indicar que dos líneas son paralelas: *l* ‖ *m*.

Una *transversal* es una línea que cruza dos líneas paralelas. La línea t es una línea transversal.

Cuando dos líneas paralelas son cruzadas por una transversal, dos grupos de cuatro ángulos son formados. Un grupo consiste de ∠1, ∠2, ∠3, y ∠4; el otro grupo contiene ∠5, ∠6, ∠7, y ∠8.

Los ángulos formados por la transversal que cruza las paralelas tienen una relación especial:

- Los cuatro ángulos obtusos son congruentes: ∠1 ≅ ∠4 ≅ ∠5 ≅ ∠8
- Los cuatro ángulos agudos son congruentes: ∠2 ≅ ∠3 ≅ ∠6 ≅ ∠7
- La suma de cualquier ángulo agudo y otro obtuso es de 180° porque el ángulo agudo se encuentra en la misma línea del ángulo obtuso.

Clave: Para recordar la relaciones, trace líneas paralelas cruzadas por una transversal. Marque los ángulos agudos opuestos de manera que parezcan corbatines; marque los ángulos obtusos de manera que parezcan los lazos de tuxedo.

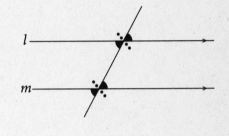

- Todos los ángulos de corbatines son congruentes.
- Todos los ángulos de lazos de tuxedo son congruentes.
- Cada ángulo de corbatín se suplementa—su suma es de 180°—con cada ángulo de lazo de un tuxedo. Eso es como decir, "Vestimenta formal incluye ambos, un corbatín y un lazo de tuxedo."

No se deje engañar pensando que dos líneas son paralelas por el simple hecho de parecer paralelas. Las líneas tienen que estar marcadas con las mismas fhechas o tiene que existir el par de ángulos anteriormente descrito.

LÍNEAS PERPENDICULARES

Líneas perperdiculares se encuentran en el mismo plano y se cruzan para formar 4 ángulos rectos.

El pequeño cuadrado donde las líneas se cruzan, indica un ángulo recto. Ya que ángulos verticales o rectos son iguales y la suma de los cuatro es de 360°, cada uno de los cuatro ángulos es un ángulo recto. De todas maneras, sólo se requiere un pequeño cuadrado para indicar esto.

El símbolo ⊥ es usado para indicar que dos líneas son perpendiculares: $\overleftrightarrow{AB} \perp \overleftrightarrow{CD}$.

No se deje engañar pensando que dos líneas son perperdiculares porque parecen serlo. El problema debe indicar la presencia de un ángulo recto (al señalar que un ángulo mide 90° o por el pequeño cuadrado el el diagrama correspondiente), o usted tiene que poder provar la presencia de un ángulo de 90°.

PRÁCTICA

Determine el tamaño de cada uno de los ángulos que faltan.

10.

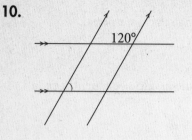

11.

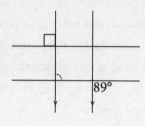

12.

43°
43°

13.

107°
73°

Técnicas Adquiridas

Note ángulos agudos, rectos, obtusos y llanos durante todo el día. Por ejemplo, fíjese en un estante de libros. ¿Cuál es el tamaño del ángulo formado por la repisa y el lado del estante? ¿Es un ángulo agudo, obtuso o recto? Imagine que usted dobla un lado del estante con sus propias manos. ¿Cuántos grados tendría usted que doblarlo para crear un ángulo agudo? Y ¿qué de una línea recta? Saque un libro y ábralo. Con las cubiertas forme un ángulo agudo, recto y llano.

RESPUESTAS

PROBLEMAS DE PRÁCTICA

1. ∠3 is an acute angle (less than 90°).

2. ∠C is a right angle (90°).

3. ∠JKL (or ∠K) is an obtuse angle (greater than 90° and less than 180°).

4. ∠XYZ is a straight angle (180°).

5. Complement = 60°

6. Complement = 85°, Supplement = 175°

7. Supplement = 80°

8. The ladder made a 122° angle with the ground.

9.

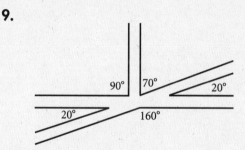

10.

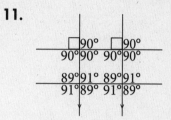

11.

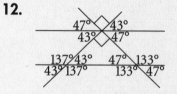

Note: the horizontal lines may look parallel, but they're not, because the angles formed when they transverse the parallel vertical lines are not congruent.

12.

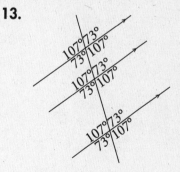

Note: The horizontal lines are parallel because the 43° angles ("bow-tie" angles) were given as congruent.

13.

Note: All three lines are parallel.

POLÍGONOS Y TRIÁNGULOS

18

RESUMEN DE LA LECCIÓN

Esta lección introduce el concepto de polígonos, repasa los conceptos de area y perímetro y concluye con una detallada explicación acerca de los triángulos.

Estamos rodeados por una variedad de polígonos, y a veces, inclusive, tenemos que hacer operaciones matemáticas con ellos. Inclusive, muchas veces, problemas geométricos en exámenes, se enfocan en encontrar el perímetro del area de los polígonos, especialmente triángulos. Por ese motivo, esta lección introduce a los polígonos y le muestra cómo trabajar con triángulos. La próxima lección se trata de rectángulos, cuadrados, y círculos. Es importante tener un buen conocimiento de los conceptos presentados en la lección anterior porque los mismos serán usados a través de esta lección.

POLÍGONOS

¿QUÉ ES UN POLÍGONO?

Un polígono es un plano (aplanado) cerrado formado por tres o más segmentos conectados que no se cruzan entre sí. Familiaricese con los polígonos que siguen; estos son los tres polígonos más comunes que aparecen en examenes así como en la vida real.

Triángulo	Cuadrado	Rectángulo
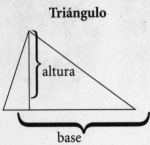		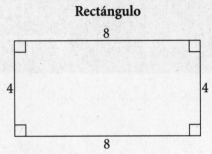
Polígono de tres lados	**Polígono de cuatro lados con cuatro ángulos rectos:** Todos los lados son congruentes (iguales) y cada par de lados opuestos es paralelo.	**Polígono de cuatro lados con cuatro ángulos rectos:** Cada par de lados opuestos es paralelo y congruente.

PRÁCTICA

Determine cual de las siguientes figures con polígonos y nombrelas. ¿Por qué las otras figuras no son polígonos?

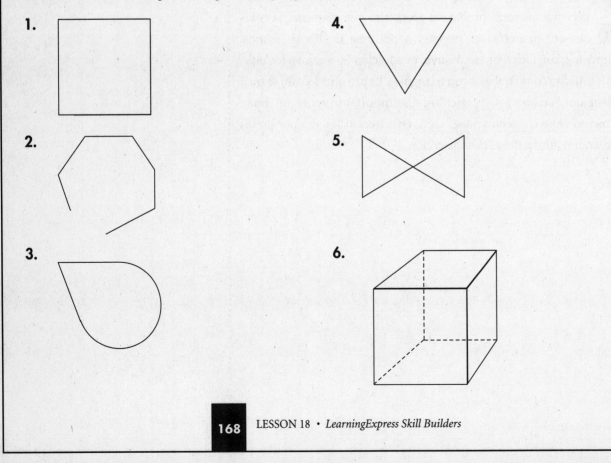

1.

2.

3.

4.

5.

6.

PERÍMETRO

Perímetro es la distancia alredor de un polígono. La palabra *perímetro* es derivada de *peri*, que significa *alrededor* (como por ejemplo en periscopio, o vista periférica), y *meter*, que significa *medidaI*. Entonces perímetro es la *medida alrededor* de algo. En la vida diaria hay muchas aplicaciones practicas del concepto de perímetro.

Un perímetro se mide en unidades de longitud como pies, yardas, pulgadas, metros, etc.

Para encontrar el perímetro de un polígono, sume la longitud de sus lados.

Ejemplo: Encuentre el perímetro del polígono que sigue:

Solución: Escriba la medida de cada uno de los lados y súmelos:

$$
\begin{array}{r}
3 \text{ inches} \\
2 \text{ inches} \\
7 \text{ inches} \\
4 \text{ inches} \\
+ \quad 2 \text{ inches} \\
\hline
18 \text{ inches}
\end{array}
$$

La noción de perímetro también es aplicable para círculos; de todas maneras, al perímetro de un círculo se lo refiere como *circunferencia*. (Círculos se cubren en la Lección 19).

PRÁCTICA

Encuentre el perímetro de cada polígono.

7.

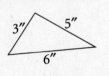

8.

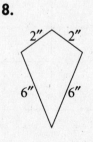

9.

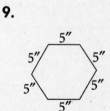

Problemas escritos

_____**10.** Maryellen has cleared a 10-foot-by-6-foot rectangular plot of ground for her herb garden. She must completely enclose it with a chain-link fence to keep her dog out. How many feet of fencing does she need, excluding the 3-foot gate at the south end of the garden?

_____**11.** Terri plans to hang a wallpaper border along the top of each wall in her square dressing room. Wallpaper border is sold only in 12-foot strips. If each wall is 8 feet long, how many strips should she buy?

ÁREA

Área es el espacio cubierto por una figura en un espacio determinado. Un área se mide en unidades cuadradas. Por ejemplo, un cuadrado que tiene 1 unidad en todos los lados, cubre 1 unidad cuadrada. Si la unidad de medida para cada lado es en pies, por ejemplo, entonces el área es medida en *pies cuadrados;* otras posibilidades son unidades como pulgadas cuadradas, millas cuadradas, metros cuadrados y demás.

Usted puede medir el área de cualquier figura contando el número de unidades cuadradas que la figura ocupa. Las primeras dos figuras son fáciles de medir porque las unidades cuadradas caben igualmente en ellas, mientras que las dos figuras en la siguiente página son más difíciles de medir porque las unidades cuadradas no caben exactamente en ellas.

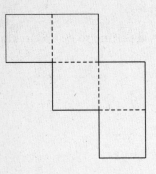

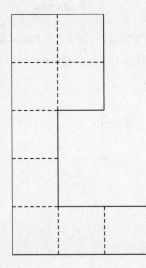

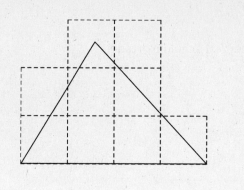
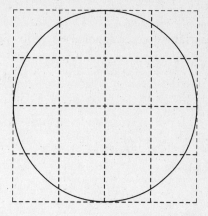

Debido a que no es siempre práctico medir el área de una figura en particular contando el número de unidades cuadradas que la figura ocupa, se tiene que usar una formula para encontrar el área. A medida que cada figura es analizada, usted aprenderá la respectiva formula para encontrar el área. A pesar de que hay formulas para encontrar perímetros, no las necesita (excepto para los círculos) si usted entiende el concepto de perímetros: Es simplemente la suma del tamaño de los lados.

TRIÁNGULOS

¿QUÉ ES UN TRIÁNGULO?

Un triángulo es un polígono de tres lados, como los que se muestran a continuación:

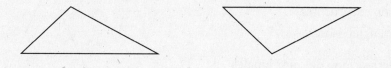

El símbolo que se usa para identificar un triángulo es △. Cada vértice—el punto en el cual dos líneas se encuentran_ es denominado por una letra mayúscula. El triángulo es denominado por las tres letras en cada uno de los tres vértices, generalmente en order alfabético: △ABC.

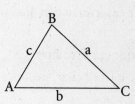

Hay dos maneras de referirse a un lado de un triángulo:

- Por las letras en cada uno de los lados: AB
- Por la letra—típicamente en minúsculas—al lado del lado: *a*.

  Note que el nombre del lado es el mismo que el nombre del ángulo opuesto, excepto que el nombre del ángulo está en letras mayúsculas.

Hay dos maneras de referirse al ángulo de un triángulo:

- Por la letra en el vértice: ∠A
- Por las tres letras del triángulo, con el vértice de ese ángulo en el centro: ∠BAC o ∠CAB

PRÁCTICA

Nombre los siguientes triángulos, los ángulos marcados y el lado opuesto al ángulo marcado.

12.

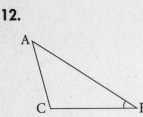

13.

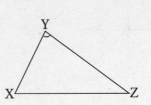

CLASES DE TRIÁNGULOS

Un triángulo puede ser clasificado por el tamaño de sus lados y ángulos.

Triángulo Equilátero

- 3 ángulos congruentes, cada uno de 60°
- 3 lados congruentes

Claves que le pueden ayudar a recordar: La palabra *equilátero* viene de *equi* que significa *igual*, y *lat* que significa *lado*. Por consiguiente, *todos los lados iguales*.

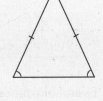

Triángulo Isósceles

- 2 ángulos congruentes, llamados *ángulos base*, el tercer lado es el *ángulo del vértice*.
- Lados opuestos a los ángulos de la base son congruentes.
- Un triángulo equilátero es también un triángulo isósceles.

Clave: Piense en el sonido de la "I" en isósceles como dos ojos iguales, que casi riman con dos lados iguales.

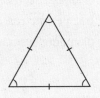

Triángulo Escaleno

- No lados congruentes

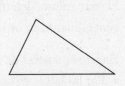

Triángulo Recto

- 1 ángulo recto (90°), el ángulo más grande del triángulo
- Lados opuestos al ángulo recto es la hipotenusa, el lado más grande del triángulo. (Clave: La palabra hipotenusa nos debe recordar de hipopótamo un animal muy grande).
- Los otros dos lados son conocidos como *las piernas*
- Un triángulo recto puede ser isósceles o escaleno.

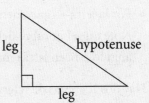

PRÁCTICA

Clasifique cada triángulo como equilátero, isósceles, escaleno, o recto. Recuerde, algunos triángulos tienen más de una clasificación.

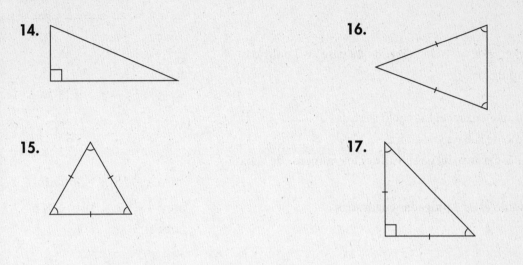

14.

16.

15.

17.

ÁREA DE UN TRIÁNGULO

Para acontrar el área de un triángulo, use esta formula:

$$\text{\textit{área}} = \tfrac{1}{2} \, (\text{\textit{base}} \times \text{\textit{altura}})$$

Pese a que cualquier lado de un triángulo puede ser denominado como la **base** del mismo, es generalmente más fácil usar el lado del suelo. Para usar otro lado, gire la página y vea el triángulo de otra perspectiva.

La **altura** de un triángulo está representada por una línea perpendicular trazada desde el ángulo opuesto a la base hasta la base misma. Dependiendo del triángulo, la altura puede estar adentro, afuera o en las piernas. El tercer triángulo es un triángulo **recto**: Una pierna puede ser su base y la otra su altura.

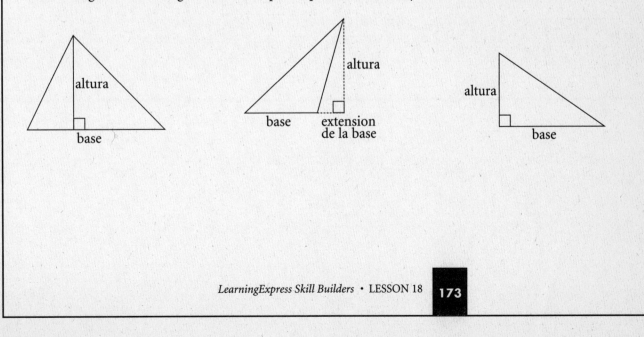

Clave: Piense en un rectángulo como si fuera la **mitad** de un rectángulo. El área de ese triángulo (así como el área del triángulo que cabe dentro del rectángulo) es la **mitad** del área del rectángulo.

Ejemplo: Encuentre el área de un triángulo con una base de 2 pulgadas y una altura de 3 pulgadas.

1. Dibuje, lo mejor que pueda, el triángulo a escala.
2. Marque el tamaño de la base y la altura.
3. Escriba la formula del área; luego substituya los números de la base y de la altura:
4. El área del triángulo es de **3 pulgadas cuadradas**.

$$área = \frac{1}{2}(base \times altura)$$
$$área = \frac{1}{2}(2 \times 3) = \frac{1}{2} \times 6$$
$$area = 3$$

PRÁCTICA

_____**18.** What is the area of a right triangle with a base of 10 units and a height of 8 units?

_____**19.** A certain triangle has an area of 4 square feet. If its height is 5 feet, how long is its base, in feet?

Encuentre el área de los siguiente triángulos.

20.

21.

22.

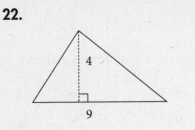

23.

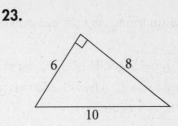

REGLAS PARA TRIÁNGULOS

Las siguientes reglas tienden a aparecer más frequentemente en examenes que otras reglas. Una pregunta típica en un examen sigue cada regal.

La suma de los ángulos de un triángulo es de 180°:
$$\angle A + \angle B + \angle C = 180°$$

Ejemplo: El ángulo base de un triángulo isósceles es de 30°. Encuentre el ángulo del vértice.

1. Dibuje, lo mejor que pueda, el triángulo isósceles. Dibujarlo a escala le puede ayudar mucho: ya que es un triángulo isósceles, dibuje ambos ángulos de la base del mismo tamaño (si puede lo más aproximadamente posible a 30 (o)) asegúrese de que los lados opuestos son de la misma longitud. Nombre uno de los ángulos de la base como 30°.

2. Ya que los ángulos de la base son congruentes, nombre el otro ángulo de la base 30°.

3. Hay dos pasos necesarios para encontrar el vértice del ángulo:

- Sume juntos los dos ángulos de la base: 30° + 30° = 60°
- La suma de los tres ángulos es de 180°. Para encontrar el ángulo del vértice, sustraiga la suma de los ángulos de la base (60°) de 180°: $180° - 60° = $ **120°**

  Entonces, el ángulo del vértice es **120°**.

Verifique: Sume todos los 3 ángulos juntos para asegurarse de que la suma es 180°:
30° + 30° + 120° = 180° ✔

El lado más grande de un triángulo está opuesto al ángulo más grande.

Esta regal implica que el Segundo lado más largo está opuesto al segundo ángulo más grande, y el lado más pequeño está opuesto al ángulo más pequeño.

Clave: Visualize una puerta y sus picaportes. Mientras más se habra el picaporte (el ángulo más grande), más fácil sera que una persona gorda pueda pasar (el lado más grande es el opuesto); similarmente, si una puerta está casi no abierta (el ángulo más pequeño); sólo una persona delgada podrá pasar (el lado más pequeño es el opuesto).

Ejemplo: En el triángulo de la derecha, ¿cuál es el lado más pequeño?

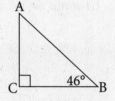

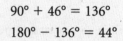

1. Determine el tamaño del ∠A, del ángulo que falta, al sumar los dos ángulos conocidos y luego sustraiga su suma de 180°: Entonces ∠A es de 44°.

$$90° + 46° = 136°$$
$$180° - 136° = 44°$$

2. Ya que ∠A es el más pequeño, el lado a (opuesto al ∠A) es el más pequeño.

PRÁCTICA

Encuentre los águlos que faltan e identifique los lados más grandes y más pequeños.

24.

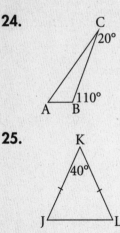

25.

26.

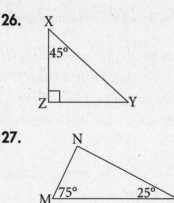

27.

TRIÁNGULOS RECTÁNGULOS

Triángulos rectángulos tienen su propia regla. Usando el Teorema de Pitágoras podemos calcular el lado que falta de un Triángulo Rectángulo.

$$a^2 + b^2 = c^2$$

(c se refiere a la hipotenusa)

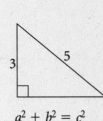

Ejemplo: ¿Cuál es el perímetro del triángulo de la derecha?

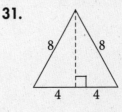

1. Ya que el perímetro es la suma del tamaño de los lados, primero tenemos que encontrar el lado que falta. Use el Teorema de Pitágoras: $a^2 + b^2 = c^2$

2. Substituya los lados dados por dos de las letras. Recuerde: El lado c es siempre la hipotenusa:

$$3^2 + b^2 = 5^2$$
$$9 + b^2 = 25$$

3. Para resolver esta ecuación, reste 9 de ambos lados:

$$\begin{array}{rr} -9 & -9 \\ \hline b^2 = & 16 \end{array}$$

4. Ahora encuentre la raíz cuadrada de ambos lados. (Nota: Consulte la Lección 20 para aprender más sobre raices cuadradas). Entonces, el lado que faltaba tiene una longitud de **4** unidades.

$$\sqrt{b^2} = \sqrt{16}$$
$$b = 4$$

5. Sumando los tres lados nos dá un perímetro de **12**: $3 + 4 + 5 = 12$

PRÁCTICA

Encuentre el perímetro y el área de cada triángulo. **Ayuda:** Use el Teorema de Pitágoras; consulte la Lección 20 si necesita ayuda con raices cuadradas.

28.

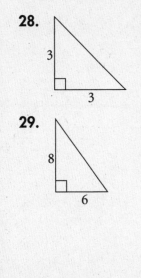

30.

29.

31.

Problemas escritos

_____**32.** Irene is fishing at the edge of a 40-foot wide river, directly across from her friend Sam, who is fishing at the edge of the other side. Sam's friend Arthur is fishing 30 feet down the river from Sam. How far is Irene from Arthur?

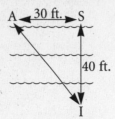

_____**33.** What is the length of a side of an equilateral triangle that has the same perimeter as the triangle shown at right?

Técnicas Adquiridas

En algún momento en este día usted se va a aburrir y garabatear es la mejor manera de pasar el tiempo. Garabatee con algún propósito: dibuje un triángulo o un triángulo rectángulo. Trate de dibujar un triángulo que es totalmente exagerado y bien diferente del primero que dibujó e identifique a qué clase de triángulo pertenece. Ahora dibuje un polígono y vea cuán interesante su dibujo es. Practique con estas figuras hasta que las haya aprendido.

RESPUESTAS

PROBLEMAS DE PRÁCTICA

1. yes, square
2. no, not a closed figure
3. no, one side is curved
4. yes, triangle
5. no, line segments cross
6. no, not flat (it's three-dimensional)
7. 14 in
8. 16 in
9. 30 in
10. 29 ft (The perimeter is 32 feet; subtract 3 feet for the gate.)
11. 3 strips (There will be 4 feet of border left over.)
12. The triangle is named △ABC. The marked angle is ∠B or ∠ABC or ∠CBA. The opposite side is $\overline{AC}$.
13. The triangle is named △XYZ. The marked angle is ∠Y or ∠XYZ or ∠ZYX. The opposite side is $\overline{XZ}$.
14. Right, scalene
15. Equilateral, isosceles
16. Isosceles
17. Isosceles, right
18. 40 square units

19. 1.6 ft or $1\frac{3}{5}$ ft
20. 12 square units
21. 20 square units
22. 18 square units
23. 24 square units
24. ∠A = 50°. Longest side is $\overline{AC}$. Shortest side is $\overline{AB}$.
25. ∠J = ∠L = 70°. Longest sides are $\overline{JK}$ and $\overline{KL}$. Shortest side is $\overline{JL}$.
26. ∠Y = 45°. Longest side is $\overline{XY}$. Shortest sides are $\overline{XZ}$ and $\overline{YZ}$.
27. ∠N = 80°. Longest side is $\overline{MP}$. Shortest side is $\overline{MN}$.
28. Perimeter = $6 + 3\sqrt{2}$ units; Area = 4.5 square units
29. Perimeter = 24 units; Area = 24 square units
30. Perimeter = 30 units; Area = 30 square units
31. Perimeter = 24 units; Area = $16\sqrt{3}$ units
32. 50 ft
33. 4 units. The hypotenuse of the triangle shown is 5, making its perimeter 12. Since all three sides of an equilateral triangle are the same length, the length of each side is 4 units (12 ÷ 3 = 4).

CUADRILÁTEROS Y CÍRCULOS

19

RESUMEN DE LA LECCIÓN

Esta última lección de geometría explora con detalle temas relacionados con cuadriláteros—rectángulos, cuadrados, y paralelógramos—y con círculos. Asegúrese de tener un buen conocimiento de los conceptos introducidos y estudiados en las dos lecciones anteriores ya que estos vuelven a aparecer en esta lección.

 sted casi ha llegado a finalizar el repaso de geometría. Lo que le resta son las lecciones con referencia a figuras de cuatro lados y círculos. Usted aprenderá a encontrar el perímetro y el área de cada uno de ellos y estará listo para contestar cualquier tipo de examen estándar que incluya estos conceptos.

CUADRILÁTEROS

¿QUÉ ES UN CUADRILÁTERO?

Un cuadrilátero es un polígono de cuatro lados. Tres de los cuadriláteros que son más posibles de presentarse en un examen para servicio civil (y también en la vida real) son los que se muestran a continuación:

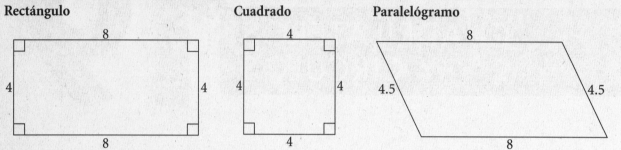

Rectángulo   **Cuadrado**   **Paralelógramo**

Además de tener cuatro lados, estos cuadriláteros tienen los siguientes elementos en común:

- Sus lados opuestos son paralelos y del mismo tamaño y
- Sus ángulos opuestos son del mismo tamaño o grado.

De todas maneras, cada cuadrilátero tiene sus propias características, como en la tabla que sigue.

CUADRILÁTEROS			
	Rectángulo	**Cuadrado**	**Paralelógramo**
Lados	Los lados horizontales no tienen que ser del mismo tamaño que los lados verticales.	Todos los cuatro lados son del mismo tamaño.	Los lados horizontales no tienen que ser del mismo tamaño que los lados verticales.
Angulos	Todos los ángulos son ángulos rectos.	Todos los ángulos son ángulos rectos.	Los ángulos opuestos son del mismo tamaño, pero no tienen que ser ángulos rectos. (Un paralelogramo luce como un rectángulo inclinado hacia uno de sus lados.)

Las convensiones para denominar cuadriláteros son las mismas usadas con triángulos:

- La figura es denominada por las letras de sus cuatro esquinas, generalmente en orden alfabético :rectángulo ABCD.
- Un lado es denominado por las letras de sus dos bordes: lado AB
- Un ángulo es denominado por su vértice: ∠A.

La suma de los ángulos de un cuadrilátero es 360°:

$$\angle A + \angle B + \angle C + \angle D = 360°$$

PRÁCTICA

Falso o verdadero

_____ **1.** All squares are also rectangles.

_____ **2.** All rectangles are also squares.

_____ **3.** Some rectangles are also squares.

_____ **4.** All squares and rectangles are also parallelograms.

EL PERÍMETRO DE UN CUADRILÁTERO

¿Se acuerda usted de la definición de perímetro que se estableció en la lección anterior? *Perímetro* es la distancia alrededor de un polígono. Para encontrar el perímetro de un cuadrilátero, siga esta simple regla:

Perímetro = Suma de los cuatro lados

Técnica rápida: Ya que los lados opuestos de un rectángulo y de un paralelogramo son iguales, haga uso de esta regla. Sólo le queda sumar dos lados adyacentes y doblar la suma. Del mismo modo, multiplique un lado de un cuadrado por cuatro.

PRÁCTICA

Encuentre el perímetro de cada cuadrilátero.

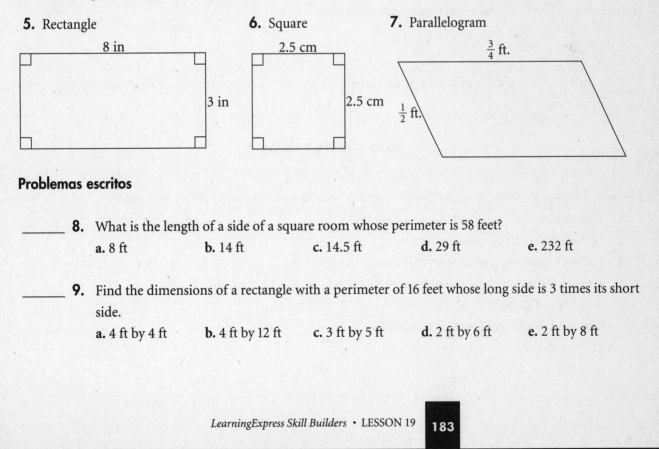

5. Rectangle

8 in

3 in

6. Square

2.5 cm

2.5 cm

7. Parallelogram

$\frac{3}{4}$ ft.

$\frac{1}{2}$ ft.

Problemas escritos

_____ **8.** What is the length of a side of a square room whose perimeter is 58 feet?
   a. 8 ft   **b.** 14 ft   **c.** 14.5 ft   **d.** 29 ft   **e.** 232 ft

_____ **9.** Find the dimensions of a rectangle with a perimeter of 16 feet whose long side is 3 times its short side.
   a. 4 ft by 4 ft   **b.** 4 ft by 12 ft   **c.** 3 ft by 5 ft   **d.** 2 ft by 6 ft   **e.** 2 ft by 8 ft

ÁREA DE UN CUADRILÁTERO

Para encontrar el área de un rectángulo, cuadrado o paralelógramo, use la siguiente formula:

$$\textbf{Área} = \textbf{base} \times \textbf{altura}$$

La **base** es el tamaño del lado donde resta la figura. La **altura (alto)** es el tamaño de una línea perpendicular que se extiende desde la base hasta ell lado opuesto a esta. La altura de un rectángulo y de un cuadrado es la misma que el tamaño de sus línea vertical.

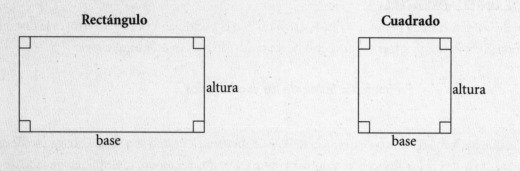

Cuidado: La altura de un paralelogramo no es necesariamente el mismo tamaño de su lado vertical (también denominado altura oblicua); ésta se la encuentra al trazar una línea perpendicular desde la base hasta su lado opuesto—el tamaño de esta línea es igual a la altura del paralelógramo.

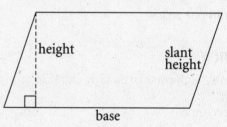

La fórmula para encontrar el área de un rectángulo y de un cuadrado puede ser expresada en una forma equivalente como:

$$\textbf{Área} = \textbf{ancho} \times \textbf{largo}$$

Ejemplo: Encuentre el área de un rectángulo con una base de 4 metros y una altura de 3 metros.

1. Si es possible, dibuje el rectángulo a escala.
2. Marque el tamaño de la base y la altura.
3. Escriba la formula para encontrar el área; $A = b \times h$ luego substituya en la formula el valor de $A = 4 \times 3 = \textbf{12}$ la base y la altura.:
   Entonces, el área es **12 metros cuadrados.**

PRÁCTICA
Encuentre el área de cada uno de los cuadriláteros.

10.

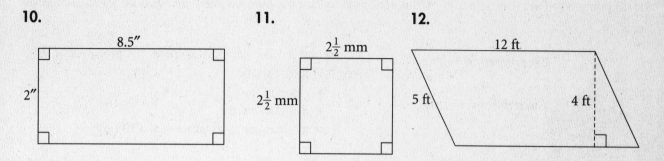

8.5″

2″

11.

$2\frac{1}{2}$ mm

$2\frac{1}{2}$ mm

12.

12 ft

5 ft

4 ft

Problemas escritos

_____ **13.** Tristan is laying 12-inch by 18-inch tiles on his kitchen floor. If the kitchen measures 15 feet by 18 feet, how many tiles does Tristan need, assuming there's no waste? (Hint: Do *all* your work in either feet or inches.)
    a. 12   **b.** 120   **c.** 180   **d.** 216   **e.** 270

_____ **14.** What is the length in feet of a parking lot that has an area of 8,400 square feet and a width of 70 feet?
    a. 12   **b.** 120   **c.** 1,200   **d.** 4,000   **e.** 4,130

CÍRCULOS

Todos podemos reconocer un círculo cuando lo vemos, pero su definición es un tanto técnica. Un *círculo* es un número de puntos que se encuentran a una misma distancia de un punto dado llamado el *centro*.

•centro

    Es muy probable que usted encuentre los siguientes terminus cuando esté trabajando con círculos:

> **Radio:** La distancia desde el centro del círculo hasta cualquier punto dentro del propio círculo. El símbolo *r* es usado para el radio.
>
> **Diámetro:** La distancia de una línea que pasa o atraviesa el círculo por el centro. El diámetro es dos veces el tamaño del radio. El símbolo *d* es usado para el diámetro.

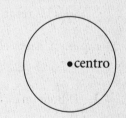

diámetro

radio

CIRCUNFERENCIA

La circunferencia de un círculo es la distancia alrededor de un círculo (comparable con el concepto de perímetro de un polígono). Para determinar la circunferencia de un círculo, use cualquiera de estas dos fórmulas equivalents:

$$Circunferencia = 2\pi r$$

o

$$Circunferencia = \pi d$$

Las formulas deben ser escritas como $2 \times \pi \times r$ o $\pi \times d$. Ayuda el recordar que:

- r es el radio
- d es el diámetro
- π es aproximadamente igual a 3.14 o $\frac{22}{7}$

Nota: En matemáticas generalmente se usa letras del alfabeto griego, como por ejemplo π (pi). En el caso de un círculo, usted puede usar π como una "clave" para poder reconocer preguntas relacionadas con círculos: Un pastel o pizza tiene la forma de un círculo.

Ejemplo: Encuentre la circunferencia de un círculo cuyo radio es de 7 pulgadas.

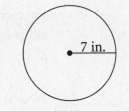

1. Dibuje el círculo y escriba la versión de la formula para la circunferencia que incluye el radio (porque se le dá el radio): $C = 2\pi r$
2. Substituya el 7 por el radio: $C = 2 \times \pi \times 7$
3. En una prueba de selección multiple, observe las posibles respuestas para determinar si es que tiene que usar π o el valor de π (decimal o fracción) en la fórmula.

Si las posibles respuestas no incluyen π, substituya $\frac{22}{7}$ o 3.14 por π y multiplique:

$$C = 2 \times \tfrac{22}{7} \times 7; \quad C = \mathbf{44}$$
$$C = 2 \times 3.14 \times 7; \quad C = \mathbf{43.96}$$

Si las posibles respuestas incluyen π, solo tiene que multiplicar: $C = 2 \times \pi \times 7; \quad C = \mathbf{14\pi}$

Todas las respuestas—**44 pulgadas, 43.96 pulgadas,** y **14π pulgadas**—son consideradas correctas.

Ejemplo: ¿Cuál es el diámetro de un círculo cuya circunferencia es 62.8 centímetros? Use 3.14 como el valor de π.

1. Dibuje un círculo con su diámetro y escriba la versión de la fórmula para la circunferencia que incluye el diámetro (porque se le pide que encuentre el diámetro): $C = \pi d$
2. Substituya 62.8 por la circunferencia, 3.14 como el valor de π, y resuelva la ecuación.

   El diámetro es de 20 centímetros.

   $$62.8 = 3.14 \times d$$
   $$62.8 = 3.14 \times \mathbf{20}$$

PRÁCTICA

Encuentre la circunferencia:

15.

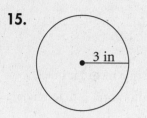

3 in

16.

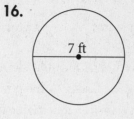

7 ft

Encuentre el radio y el diámetro:

17.

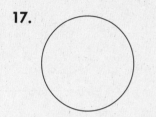

Circunferencia = 10π ft

18.

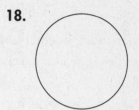

Circunferencia = 10 ft

Problemas escritos

_____**19.** What is the circumference of a circular room whose diameter is 15 feet?

    a. 7.5π ft   **b.** 15π ft   **c.** 30π ft   **d.** 45 ft   **e.** 225π ft

_____**20.** What is the circumference of a round tower whose radius is $3\frac{2}{11}$ feet?

    a. 10 ft   **b.** 20 ft   **c.** 33 ft   **d.** 40 ft   **e.** 48 ft

_____**21.** Find the circumference of a water pipe whose radius is 1.2 inches.

    a. 1.2π in   **b.** 1.44π in   **c.** 2.4π in   **d.** 12π in   **e.** 24π in

_____**22.** What is the radius of a circle whose circumference is 8π inches?

    a. 2 in   **b.** 2π in   **c.** 4 in   **d.** 4π in   **e.** 8 in

_____**23.** What is the circumference of a circle whose radius is the same size as the side of a square with an area of 9 square meters?

    a. 3π m   **b.** 6 m   **c.** 3π m   **d.** 6π m   **e.** 9π m

ÁREA DE UN CÍRCULO

El *área* de un círculo es el espacio de la superficie que ocupa. Para determinar el área de un círculo, use la siguiente fórmula:

$$\text{Área} = \pi r^2 \qquad \text{La formula puede ser escrita como } \pi \times r \times r.$$

Clave: Para evitar confusiones entre las formulas del area y la circunferencia, solo tiene que recordar que el *area* siempre es medido en unidades *cuadradas*. Como por ejemplo 12 *metros cuadrados* de alfombra. Esto le ayudará a recordar que la formula para el *área* es aquella que lleva el término *cuadrado*.

Ejemplo: Encuentre el área del círculo de la derecha, redondéelo al décimo más próximo.

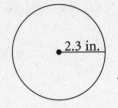

1. Escriba la formula del área: $\qquad A = \pi r^2$
2. Susbtituya 2.3 por el radio: $\qquad A = \pi \times 2.3 \times 2.3$
3. En una prueba de selección multiple, observe las posibles respuestas para determinar si es que tiene que usar π o el valor de π (decimal o fracción) en la fórmula.

   Si las respuestas no incluyen π, use 3.14 en lugar de π (porque el radio es un decimal): $\qquad A = 3.14 \times 2.3 \times 2.3;$
   $$A = \mathbf{16.6}$$

   Si las respuestas incluyen π, multiplique y redondee: $\qquad A = \pi \times 2.3 \times 2.3;$
   $$A = \mathbf{5.3\pi}$$

   Ambas respuestas—**16.6 pulgadas cuadradas** y **5.3π pulgadas cuadradas**—con consideradas correctas.

Ejemplo: ¿Cuál es el diámetro de un círculo cuya área es 9π centímetros cuadrados?

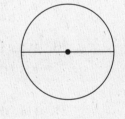

1. Dibuje un círculo con su diámetro (para ayudar a recordar que la pregunta se refiere al diámetro); luego escriba la formula apropiada para el área. $\qquad A = \pi r^2$
2. 2. Substituya 9π por el area y resuelva la ecuación: $\qquad 9\pi = \pi r^2$
   $$9 = r^2$$

   Ya que el radio es de 3 centímetros, el diámetro es de **6 centímetros**. $\qquad 3 = r$

PRÁCTICA

Encuentre el área:

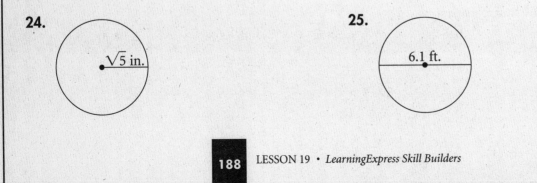

24. $\sqrt{5}$ in.

25. 6.1 ft.

Find the radius and diameter:

26.

Area = 49π m²

27.

Area = π m²

Problemas escritos

_____**28.** What is the area in square inches of the bottom of a jar with a diameter of 6 inches?

    a. 6π   **b.** 9π   **c.** 12π   **d.** 18π   **e.** 36π

_____**29.** James Band is believed to be hiding within a 5-mile radius of his home. What is the approximate area, in square miles, of the region in which he may be hiding?

    a. 15.7   **b.** 25   **c.** 31.4   **d.** 78.5   **e.** 157

_____**30.** If a circular parking lot covers an area of 2,826 square feet, what is the size of its radius? (Use 3.14 for π.)

    a. 30 ft   **b.** 60 ft   **c.** 90 ft   **d.** 450 ft   **e.** 900 ft

_____**31.** Find the area, in square units, of the shaded region at right.

    a. 20 − 2π   **b.** 20 − π   **c.** 24

    d. 25 − 2π   **e.** 25 − π

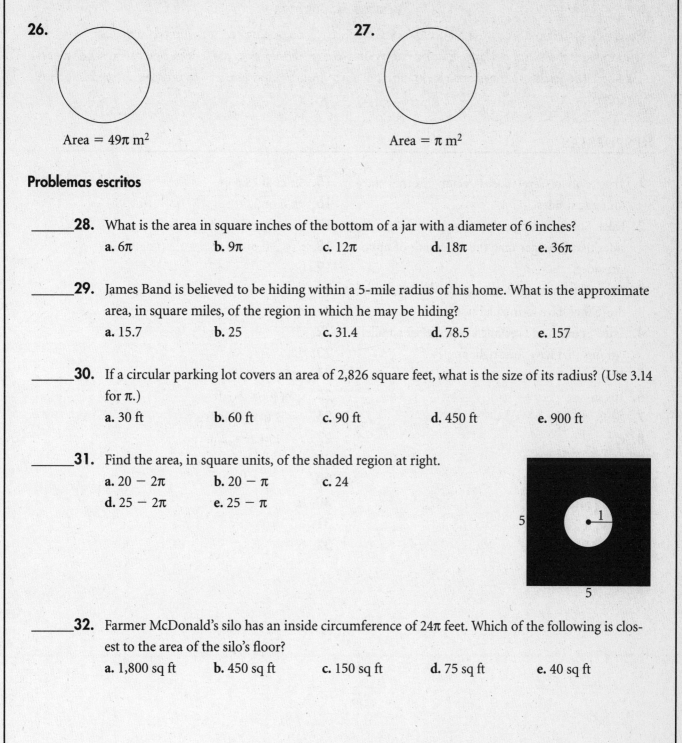

_____**32.** Farmer McDonald's silo has an inside circumference of 24π feet. Which of the following is closest to the area of the silo's floor?

    a. 1,800 sq ft   **b.** 450 sq ft   **c.** 150 sq ft   **d.** 75 sq ft   **e.** 40 sq ft

Técnicas Adquiridas

Para este ejercicio encuentre un libro muy voluminoso. Consiga una regla o una regla de sastre y mida la longitud y el espesor del libro. Escriba cada número a medida que va midiendo. Determine el perímetro del libro. Luego determine el area de la tapa del libro. Trate y haga esto con diferentes libros de muchos tamaños.

RESPUESTAS

1. True: Squares are special rectangles that have four equal sides.
2. False: Some rectangles have one pair of opposite sides that is longer than the other pair of opposite sides.
3. True: The rectangles that are also squares are those that have four equal sides.
4. True: Squares and rectangles are special parallelograms that have four right angles.
5. 22 in
6. 10 cm
7. $2\frac{1}{2}$ ft
8. c.
9. d.
10. 17 sq in
11. $6\frac{1}{4}$ sq mm
12. 48 sq ft
13. c.
14. b.

15. 6π in or 18.8 in
16. 7π ft or 22 ft
17. $r = 5$ ft; $d = 10$ ft
18. $r = \frac{5}{\pi}$ ft or 1.6 ft; $d = \frac{10}{\pi}$ ft or 3.2 ft
19. b.
20. b.
21. c.
22. c.
23. d.
24. 5π in or 15.7 in
25. 9.3π ft or 29.2 ft
26. $r = 7$ ft; $d = 14$ ft
27. $r = 1$ m; $d = 2$ m
28. b.
29. d.
30. a.
31. e.
32. b.

L·E·C·C·I·Ó·N
MATEMÁTICAS Y MISCELÁNEAS
20

RESUMEN DE LA LECCIÓN

Esta lección contiene un poco de todos los elementos matemáticos que no se han podido incluir en las otras lecciones. De todas maneras, lograr un nivel de conocimiento que incluya todos los pormenores ciertamente le ayudará a triunfar en otras areas, como por ejemplo en problemas escritos.

Esta lección cubre una variedad de temas matemáticos que muy generalmente aparecen en exámenes estandarizados, como también en la vida diaria:

- Números positivos y negativos
- Secuencia de las operaciones matemáticas
- Trabajando con unidades de medida
- Cuadrados y raices cuadradas
- Resolviendo problemas algebraicos.

NÚMEROS POSITIVOS Y NEGATIVOS

Los números positivos y negativos, también conocidos como números con signos, pueden ser visualizados como puntos a lo largo de una línea numérica:

Números a la izquierda del 0 son *negativos* y aquellos a la derecha son *positivos*. El cero no es ni positivo ni negativo. Si un número está escrito sin el signo positivo, se supone que este es positivo. En la parte negativa de la línea numérica, números con valores mayores son realmente menores. Por ejemplo, −5 es menor que −2. Usted está en contacto con números negativos más de lo que puede imaginar; por ejemplo, las temperaturas muy frías son expresadas con números negativos.

A medida que usted se mueve a la derecha en la línea numérica, los números se van agrandando. Matemáticamente, para indicar que un número, por ejemplo 4, es más grande que otro número, digamos −2, el signo de mayor que ">" es usado:

$$4 > -2$$

De la misma manera, para decir que −2 es menor que 4, se debe usar el signo de menor que "<":

$$-2 < 4$$

ARITMÉTICA CON NÚMEROS POSITIVOS Y NEGATIVOS

La tabla que sigue ilustra las reglas para trabajar con problemas aritméticos de números con signos. Note que cuando un número negativo sigue una operación (como lo hace en el segundo ejemplo de abajo), se lo debe incluir en paréntesis para evitar cualquier tipo de confusion.

REGLA	EJEMPLO
Adición	
Si ambos números tienen el mismo signo, solo tiene que sumarlos. La respuesta debe tener el mismo signo que los números que han sido sumados.	$3 + 5 = 8$ $-3 + (-5) = -8$
Si ambos números tienen signos diferentes, sustraiga el menor el mayor. La respuesta debe tener el mismo signo que el número más grande.	$-3 + 5 = 2$ $3 + (-5) = -2$
Si ambos números son iguales pero tienen signos opuestos, la suma es cero.	$3 + (-3) = 0$
Sustracción	
Para sustraer un número de otro, cambie el signo del número que se va a sustraer y luego sume usando las reglas anteriores.	$3 - 5 = 3 + (-5) = -2$ $-3 - 5 = -3 + (-5) = -8$ $-3 - (-5) = -3 + 5 = 2$

REGLA	EJEMPLO
Multiplicación	
Multiplique los números juntos. Si ambos números tienen el mismo signo, la respuesta debe ser positiva; caso contrario, es negativa.	$3 \times 5 = 15$ $-3 \times (-5) = 15$ $-3 \times 5 = -15$ $3 \times (-5) = -15$
Si uno de los números es cero, la respuesta es cero.	$3 \times 0 = 0$
División	
Divida los números. Si ambos números tienen el mismo signo, la respuesta es positiva; caso contrario, es negativa.	$15 \div 3 = 5$ $-15 \div (-3) = 5$ $15 \div (-3) = -5$ $-15 \div 3 = -5$
Si el numerador es cero, la respuesta es cero.	$0 \div 3 = 0$

PRÁCTICA

Use la tabla de arriba como guía para resolver estos problemas con los siguientes números.

_____ **1.** $2 + (-3) = ?$

_____ **2.** $-2 + (-3) = ?$

_____ **3.** $4 - (-3) = ?$

_____ **4.** $-7 - (-4) = ?$

_____ **5.** $-3 \times (-5) = ?$

_____ **6.** $-8 \div 4 = ?$

_____ **7.** $-12 \div (-3) = ?$

_____ **8.** $-\frac{3}{5} - 1 = ?$

_____ **9.** $\frac{5}{7} \times \left(-\frac{7}{10}\right) = ?$

_____ **10.** $\frac{2}{3} \div \left(-\frac{3}{4}\right) = ?$

SECUENCIA DE LAS OPERACIONES

Cuando una expresión contiene más de una operación—como $2 + 3 \times 4$—usted necesita saber el orden en el que tiene que resolver la operación. Por ejemplo, si usted suma 2 y 3, antes de multiplicar por 4, su suma es de 20, lo cual es incorrecto. La respuesta correcta es 14: usted tiene que multiplicar 3 veces por 4 antes de sumar a 2.

El orden correcto de operaciones es como se indica a bajo. Además recuerde memorizar al clave que se incluye:

1. Paréntesis
2. Exponentes
3. Multiplicación
4. División
5. Adición
6. Sustracción

Recuerde este dicho para saber el orden de las operaciones:

Please excuse my dear Aunt Sally.

PRÁCTICA

Use la secuencia de operaciones descrita arriba y resuelva las siguientes operaciones.

_____**11.** $3 + 6 \times 2 = ?$

_____**12.** $4 \times 2 + 3 = ?$

_____**13.** $(2 + 3) \times 4 = ?$

_____**14.** $(2 + 3)(3 \times 4) = ?$

_____**15.** $4 \times (2 + 3) = ?$

_____**16.** $3 + 4 \div 2 = ?$

_____**17.** $1 - 2 \times 3 \div 6 = ?$

_____**18.** $2 \div 4 + 3 \times 4 \div 8 = ?$

TRABAJANDO CON UNIDADES DE MEDIDAS

En los Estados Unidos se usa el sistema *inglés* para medir longitud, Canadá y la mayor parte de los paises del resto del mundo usan el sistema *métrico* para medir distancias. Usar el sistema inglés requiere que uno sepa un sin número de equivalencias, pero seguramente usted está familiarizado usándolas diariamente. De todas maneras, es más simple trabajar con unidades métricas porque las equivalencias son todas múltiplos de 10. El metro es la unidad básica de medida, todas las demás unidades se definen en base del metro.

SISTEMA INGLÉS	
Unidad	**Equivalencia**
foot (ft)	1 ft = 12 in
yard (yd)	1 yd = 3 ft
	1 yd = 36 in
mile (mi)	1 mi = 5,280 ft
	1 mi = 1,760 yd

SISTEMA MÉTRICO	
Unidad	**Equivalencia**
meter (m)	Basic unit
	A giant step is about 1 meter long.
centimeter	100 cm = 1 m
(cm)	Your index finger is about 1 cm wide.
millimeter	10 mm = 1 cm; 1,000 mm = 1 m
(mm)	Your fingernail is about 1 mm thick.
kilometer	1 km = 1,000 m
(km)	Five city blocks are about 1 km long.

SISTEMA INGLÉS	
Para convertir entre	**Multiplicar por esta ración**
inches and feet	$\frac{12\ in}{1\ ft}$ or $\frac{1\ ft}{12\ in}$
inches and yards	$\frac{36\ in}{1\ yd}$ or $\frac{1\ yd}{36\ in}$
feet and yards	$\frac{3\ ft}{1\ yd}$ or $\frac{1\ yd}{3\ ft}$
feet and miles	$\frac{5,280\ ft}{1\ mi}$ or $\frac{1\ mi}{5,280\ ft}$
yards and miles	$\frac{1,760\ yds}{1\ mi}$ or $\frac{1,760\ yds}{1\ mi}$

SISTEMA MÉTRICO	
Para convertir entre	**Multiplicar por esta ración**
millimeters and centimeters	$\frac{10\ mm}{1\ cm}$ or $\frac{1\ cm}{10\ mm}$
meters and millimeters	$\frac{1,000\ mm}{1\ m}$ or $\frac{1\ m}{1,000\ mm}$
meters and centimeters	$\frac{100\ cm}{1\ m}$ or $\frac{1\ m}{100\ cm}$
meters and kilometers	$\frac{1,000\ m}{1\ km}$ or $\frac{1\ km}{1,000\ m}$

CONVERSIONES LARGAS

En los exámenes, las preguntas matemáticas, especialmente problemas escritos de geometría, pueden requerir conversiones de un sistema a otro. Una manera fácil de convertir de una unidad de medida a otra es multiplicando las **razones equivalentes**. Dichas razones no cambian el valor de la unidad de medida porque cada razón equivale a 1.

Ejemplo: Convertir 3 yardas a pies.

Multiplique 3 yardas por la ración $\frac{3\ ft}{1\ yd}$. Note que elegimos $\frac{3\ ft}{1\ yd}$ en lugar de $\frac{1\ yd}{3\ ft}$ por que las yardas se cancelan durante la multiplicación:

$$3\ yds \times \frac{3\ ft}{1\ yd} = \frac{3\ yds \times 3\ ft}{1\ yd} = \mathbf{9\ ft}$$

Ejemplo: Convierta 31 pulgadas a pies y pulgadas.

Primero, multiplique 31 pulgadas por la ración $\frac{1\ ft}{12\ in}$:

$$31\ in \times \frac{1\ ft}{12\ in} = \frac{31\ in \times 1\ ft}{12\ in} = \frac{31}{12}\ ft = 2\frac{7}{12}\ ft$$

Luego cambia la $\frac{7}{12}$ porción de $2\frac{7}{12}$ ft a pulgadas:

$$\frac{7\ ft}{12} \times \frac{12\ in}{1\ ft} = \frac{7\ ft \times 12\ in}{12 \times 1\ ft} = 7\ in$$

entonces, 31 pulgadas es equivalente a ambos $2\frac{7}{12}\ ft$ y **2 feet 7 inches**.

PRÁCTICA

Convierta como se indica.

_____**19.** 2 ft = _____ in

_____**20.** 12 yds = _____ ft

_____**21.** 4 yds = _____ in

_____**22.** 10 mi = _____ ft

_____**23.** 3 cm = _____ mm

_____**24.** 16 m = _____ cm

_____**25.** 100 km = _____ m

_____**26.** 22 in = _____ ft; 22 in = _____ ft _____ in

_____**27.** $4\frac{1}{2}$ ft = _____ yds;

$4\frac{1}{2}$ ft = _____ yds _____ ft _____ in

_____**28.** 7,920 ft = _____ mi;

7,920 ft = _____ mi _____ ft

_____**29.** 1,100 yds = _____ mi

_____**30.** 342 mm = _____ cm;

342 mm = _____ cm _____ mm

_____**31.** 294 cm = _____ m;

294 cm = _____ m _____ cm

_____**32.** 8,437 m = _____ km;

8,437 m = _____ km _____ m

SUMANDO Y RESTANDO CON UNIDADES DE MEDIDA

Encontrar el perímetro de una figura puede requerir sumar dimensiones de diferentes unidades.

Ejemplo: Ecuentre el perímetro de la figura de la derecha.

Para sumar las dimensiones, sume cada columna de unidades de longitud separadamente:

$$
\begin{array}{rr}
5\ \text{ft} & 7\ \text{in} \\
2\ \text{ft} & 6\ \text{in} \\
6\ \text{ft} & 9\ \text{in} \\
+\ 3\ \text{ft} & 5\ \text{in} \\
\hline
\mathbf{16\ ft} & \mathbf{27\ in}
\end{array}
$$

Cada 27 pulgadas es más de 1 pie, el total de 16 pies y 27 pulgadas tiene que ser simplificado:

■ Convierta 27 pulgadas en pies y pulgadas:

$27\ in \times \frac{1\ ft}{12\ in} = \frac{27}{12}\ ft = 2\frac{3}{12}\ ft = 2\ ft\ 3\ in$

■Sume:

$$
\begin{array}{l}
16\ \text{ft} \\
+\ 2\ \text{ft}\ 3\ \text{in} \\
\hline
\mathbf{18\ ft\ 3\ in}
\end{array}
$$

Entonces, el perímetro es **18 pies y 3 pulgadas.**

Figura: trapecio con lados 3 ft 5 in (arriba), 5 ft 7 in (derecha), 6 ft 9 in (izquierda), 2 ft 6 in (abajo).

Encontrar la dimension de la línea de un segmento puede requerir la sustracción de medidas de diferentes unidades.
Ejemplo: Encuentre la longitud de la línea del segmento $\overline{AB}$.

Para sustraer las dimensiones, sustraiga cada columna de unidades de longitud separadamente,
empezando por la columna que está más a la derecha.

$$9 \text{ ft } 3 \text{ in}$$
$$- \ 3 \text{ ft } 8 \text{ in}$$

Atención: ¡Usted no puede sustraer 8 pulgadas de 3 pulgadas porque 8 es más grande que
3! Como en una sustracción regular, usted se tiene que prestar 1 de la columna de la
izquierda. De todas maneras, el prestarse 1 pie es lo mismo que prestarse 12 pulgadas;
sumando las 12 pulgadas que uno se ha prestado a las 3 pulgadas, nos da como resultado
15 pulgadas. Entonces

$$
\begin{array}{l}
\overset{8}{\cancel{9}} \text{ ft } \overset{12}{\cancel{3}} \overset{15}{} \text{ in} \\
- 3 \text{ ft } 8 \text{ in} \\
\hline
5 \text{ ft } 7 \text{ in}
\end{array}
$$

Por consiguiente, la longitud de $\overline{AB}$ es 5 pies y 7 pulgadas.

PRÁCTICA

Sume y simplifique.

33. $5 \text{ ft } 3 \text{ in}$
$+ \ 2 \text{ ft } 9 \text{ in}$

35. $15 \text{ cm } 8 \text{ mm}$
$+ \ 3 \text{ cm } 4 \text{ mm}$

34. $4 \text{ yds } 2 \text{ ft}$
$9 \text{ yds } 1 \text{ ft}$
3 yds
$+ \ 5 \text{ yds } 2 \text{ ft}$

36. $7 \text{ km } 220 \text{ m}$
$4 \text{ km } 180 \text{ m}$
$+ \ 9 \text{ km } 770 \text{ m}$

Sustraiga y simplifique.

37. $4 \text{ ft } 1 \text{ in}$
$- \ 2 \text{ ft } 9 \text{ in}$

39. $14 \text{ cm } 2 \text{ mm}$
$- \ 6 \text{ cm } 4 \text{ mm}$

38. 5 yds
$- \ 3 \text{ yds } 1 \text{ ft}$

40. $17 \text{ km } 246 \text{ m}$
$- \ 5 \text{ km } 346 \text{ m}$

CUADRADOS Y RAICES CUADRADAS

Cuadrados y raices cuadradas son usados en muchos niveles de las matemáticas. Usted los usará muy frecuentemente para resolver problemas que involucren triángulos rectángulos.

Para encontrar el cuadrado de un número, multiplique el número por sí mismo. Por ejemplo, el cuadrado de 4 es 16, por que $4 \times 4 = 16$. Matemáticamente, esto es expresado como:

$$4^2 = 16$$

4 al cuadrado es igual a 16

Para encontrar la raíz cuadrada de un número, preguntese a sí mismo, "¿Qué número multiplicado por sí mismo equivale al número dado? Por ejemplo, la raíz cuadrada de 16 es 4 porque $4 \times 4 = 16$. Matemáticamente esto puede ser expresado como:

$$\sqrt{16} = 4$$

La raíz cuadrada de 16 es 4

Debido a que ciertos cuadrados y raices cuadradas tienden a aparecer más a menudo que otros, el mejor recurso es memorizar los más comunes.

LOS CUADRADOS Y RAICES CUADRADAS MÁS COMUNES

Cuadrados			Raices cuadradas		
$1^2 = 1$	$7^2 = 49$	$13^2 = 169$	$\sqrt{1} = 1$	$\sqrt{49} = 7$	$\sqrt{169} = 13$
$2^2 = 4$	$8^2 = 64$	$14^2 = 196$	$\sqrt{4} = 2$	$\sqrt{64} = 8$	$\sqrt{196} = 14$
$3^2 = 9$	$9^2 = 81$	$15^2 = 225$	$\sqrt{9} = 3$	$\sqrt{81} = 9$	$\sqrt{225} = 15$
$4^2 = 16$	$10^2 = 100$	$16^2 = 256$	$\sqrt{16} = 4$	$\sqrt{100} = 10$	$\sqrt{256} = 16$
$5^2 = 25$	$11^2 = 121$	$20^2 = 400$	$\sqrt{25} = 5$	$\sqrt{121} = 11$	$\sqrt{400} = 20$
$6^2 = 36$	$12^2 = 144$	$25^2 = 625$	$\sqrt{36} = 6$	$\sqrt{144} = 12$	$\sqrt{625} = 25$

REGLAS ARITMÉTICAS PARA RAICES CUADRADAS

Usted puede multiplicar y dividir raices cuadradas, pero no puede sumar o restarlas:

$$\sqrt{a} + \sqrt{b} \neq \sqrt{a+b}$$
$$\sqrt{a} - \sqrt{b} \neq \sqrt{a-b}$$

$$\sqrt{a} \times \sqrt{b} = \sqrt{a \times b}$$

$$\sqrt{\frac{a}{b}} = \frac{\sqrt{a}}{\sqrt{b}}$$

PRÁCTICA

Use las reglas anteriores para resolver los estos problemas de cuadrados y raices cuadradas.

_____**41.** $\sqrt{12} \times \sqrt{12} = ?$

_____**42.** $\sqrt{4} \times \sqrt{9} = ?$

_____**43.** $\sqrt{8} \times \sqrt{2} = ?$

_____**44.** $\sqrt{\frac{1}{4}} = ?$

_____**45.** $\sqrt{\frac{4}{9}} = ?$

_____**46.** $\frac{\sqrt{4}}{\sqrt{25}} = ?$

_____**47.** $\sqrt{9} + \sqrt{16} = ?$

_____**48.** $\sqrt{9 + 16} = ?$

_____**49.** $(3 + 4)^2 = ?$

_____**50.** $\sqrt{7^2} = ?$

RESOLVIENDO ECUACIONES ALGEBRAICAS

Una ecuación es una oración matemática que establece la igualdad de dos cantidades. Por ejemplo:

$$2x = 10 \qquad y + 5 = 8$$

La idea es encontrar un reemplazo para lo desconocido y que acerte la oración. Eso se llama resolver la ecuación. Entonces, en el primer ejemplo, x = 5 porque 2 × 5 = 10. En el Segundo ejemplo, y = 3 porque 3 + 5 = 8.

El acercamiento general es considerar una ecuación como una balanza cuyos lados deben estar igualmente balanceados. Esencialmente, cualquier cosa que usted haga en una lado, necesariamente lo tiene que hacer en el otro, para que de esa manera se mantenga el balance. (Usted ya ha sido expuesto a este concepto cuando trabajamos con porcentajes) Entonces, si usted quiere añadir 2 al lado izquierdo, usted también necesita añadir 2 al lado derecho.

Ejemplo: Aplique el concepto mencionado arriba y resuelva la siguiente ecuación para el valor desconocido de *n*.

$$\frac{n + 2}{4} + 1 = 3$$

La meta es re-ordenar la ecuación cosa de que *n* esté aislada a un lado de la ecuación. Empiece por observar las acciones que hace *n* en la ecuación:

1. *n* ha sido sumado a 2.

2. La suma fue dividida entre 4.

3. El resultado fue sumado a 1.

Para aislar *n*, tenemos que deshacer estas acciones en un order reverso:

3. Deshaga la suma de 1 sustrayendo 1 de ambos lados de la ecuación:

$$\frac{n+2}{4} + 1 = 3$$
$$\underline{\phantom{\frac{n+2}{4}} -1 \quad -1}$$
$$\frac{n+2}{4} = 2$$

2. Deshaga la division por 4 multiplicando ambos lados por 4:

$$4 \times \frac{n+2}{4} = 2 \times 4$$
$$n + 2 = 8$$

1. Deshaga la suma de 2 sustrayendo 2 de ambos lados:

$$\underline{ -2 \quad -2}$$

Eso nos da nuestra respuesta:

$$n = 6$$

Note que cada acción fue deshecha por una acción opuesta:

Para deshacer esto:	Haga lo opuesto:
Adición	Sustracción
Sustracción	Adición
Multiplicación	División
División	Multiplicación

¡Revise su trabajo! Despues de que usted haya resuelto la ecuación, revise su trabajo añadiendo la respuesta en la ecuación original , para asegurarse de que esta está balanceada. Veamos que pasa cuando añadimos 6 en lugar de *n*:

$$\frac{6+2}{4} + 1 = 3 \,?$$
$$\frac{8}{4} + 1 = 3 \,?$$
$$2 + 1 = 3 \,?$$
$$3 = 3 \checkmark$$

PRÁCTICA

Resuelva cada ecuación.

_____**51.** $x + 3 = 7$

_____**52.** $y - 2 = 9$

_____**53.** $2z = 9$

_____**54.** $\frac{m}{2} = 10$

_____**55.** $3x - 5 = 10$

_____**56.** $5k + 2 = 22$

_____**57.** $\frac{3x}{4} = 9$

_____**58.** $\frac{2n-3}{5} - 2 = 1$

Técnicas Adquiridas

¿Sabe usted cuánto mide? Si no, pregunte a su amigo que le mida. Escriba su altura en pulgadas usando el sistema inglés. Luego conviértalo a pies y pulgadas (por ejemplo, 5' 6"). Si usted se siente ambicioso, mídase nuevamente usando el sistema métrico. ¿No le gustaría saber cuántos centímetros de altura es usted?

A continuación, determine cuán más alto o bajo es usted en comparación con un amigo, restando ambas medidas. ¿Cuán más bajo es usted en comparación con el techo de su cuarto? (Usted puede estimar la altura del techo y aproximarlo en pies)

RESPUESTAS

PROBLEMAS DE PRÁCTICA

1. -1
2. -5
3. 7
4. -3
5. 15
6. -2
7. 4
8. $-1\frac{3}{5}$ or $-\frac{8}{5}$
9. $-\frac{1}{2}$
10. $-\frac{8}{9}$
11. 15
12. 11
13. 20
14. 60
15. 20
16. 5
17. 0
18. 2
19. 24 in
20. 36 ft

21. 144 in
22. 52,800 ft
23. 30 mm
24. 1,600 cm
25. 100,000 m
26. $1\frac{5}{6}$ ft; 1 ft 10 in
27. $1\frac{1}{2}$ yds; 1 yd 1 ft 6 in
28. $1\frac{1}{2}$ mi; 1 mi 2,640 ft
29. $\frac{5}{8}$ mi
30. 34.2 cm; 34 cm 2 mm
31. 2.94 m; 2 m 94 cm
32. 8.437 km; 8 km 437 m
33. 8 ft
34. 22 yds 2 ft
35. 19 cm 2 mm
36. 21 km 170 m
37. 1 ft 4 in
38. 1 yd 2 ft
39. 7 cm 8 mm
40. 11 km 900 m

41. 12
42. 6
43. 4
44. $\frac{1}{2}$
45. $\frac{2}{3}$
46. $\frac{2}{5}$
47. 7
48. 5
49. 49
50. 7
51. $x = 4$
52. $y = 11$
53. $z = 4.5$ or $4\frac{1}{2}$
54. $m = 20$
55. $x = 5$
56. $k = 4$
57. $x = 12$
58. $n = 9$

EXAMEN DE POST EVALUACIÓN

hora que despues de un buen tiempo usted ha logrado mejorar sus conocimientos matemáticos, tome esta prueba de evaluación para ver cuánto ha aprendido. Si usted tomó el examen de evaluación al comienzo de este libro, usted tiene una guía para poder comparar lo que sabía cuando comenzó con el libro y lo que sabe ahora.

Cuando termine este examen, corrija sus resultados y luego compare su nota final con la nota final del examen de evaluación inicial. Si su nota es más alta que la del examen anterior, felicidades—usted se ha beneficiado de su duro trabajo. Si su nota muestra una mejora no muy alta, quizás haya algunos capítulos que usted tenga que revisar. ¿Nota algún patrón con relación a las preguntas que usted no contestó correctamente? Cualquiera que haya sido el resultado de este examen, mantenga este libro a la mano para revisarlo y como referencia cuando usted no esté muy seguro de alguna u otra regla matemática.

En la siguiente página se encuentra una hoja para las respuestas que usted puede utilizar. O si usted prefiere, simplemente encierre en un círculo los números de las repuestas en este libro. Si el libro no le pertenece, escriba los números del 1 al 50 en una hoja de papel y anote sus resultados en la misma. Tome el tiempo necesario para completar este examen. Cuando termine, revise sus respuestas y compárelas con las respuestas del examen. Cada respuesta le dice qué lección de este libro le enseña el tipo de conceptos matemáticos que se relacionan con la pregunta.

1.	ⓐ	ⓑ	ⓒ	ⓓ	21.	ⓐ	ⓑ	ⓒ	ⓓ	41.	ⓐ	ⓑ	ⓒ	ⓓ
2.	ⓐ	ⓑ	ⓒ	ⓓ	22.	ⓐ	ⓑ	ⓒ	ⓓ	42.	ⓐ	ⓑ	ⓒ	ⓓ
3.	ⓒ	ⓑ	ⓒ	ⓓ	23.	ⓐ	ⓑ	ⓒ	ⓓ	43.	ⓐ	ⓑ	ⓒ	ⓓ
4.	ⓐ	ⓑ	ⓒ	ⓓ	24.	ⓐ	ⓑ	ⓒ	ⓓ	44.	ⓐ	ⓑ	ⓒ	ⓓ
5.	ⓐ	ⓑ	ⓒ	ⓓ	25.	ⓐ	ⓑ	ⓒ	ⓓ	45.	ⓐ	ⓑ	ⓒ	ⓓ
6.	ⓐ	ⓑ	ⓒ	ⓓ	26.	ⓐ	ⓑ	ⓒ	ⓓ	46.	ⓐ	ⓑ	ⓒ	ⓓ
7.	ⓐ	ⓑ	ⓒ	ⓓ	27.	ⓐ	ⓑ	ⓒ	ⓓ	47.	ⓐ	ⓑ	ⓒ	ⓓ
8.	ⓐ	ⓑ	ⓒ	ⓓ	28.	ⓐ	ⓑ	ⓒ	ⓓ	48.	ⓐ	ⓑ	ⓒ	ⓓ
9.	ⓐ	ⓑ	ⓒ	ⓓ	29.	ⓐ	ⓑ	ⓒ	ⓓ	49.	ⓐ	ⓑ	ⓒ	ⓓ
10.	ⓐ	ⓑ	ⓒ	ⓓ	30.	ⓐ	ⓑ	ⓒ	ⓓ	50.	ⓐ	ⓑ	ⓒ	ⓓ
11.	ⓐ	ⓑ	ⓒ	ⓓ	31.	ⓐ	ⓑ	ⓒ	ⓓ					
12.	ⓐ	ⓑ	ⓒ	ⓓ	32.	ⓐ	ⓑ	ⓒ	ⓓ					
13.	ⓐ	ⓑ	ⓒ	ⓓ	33.	ⓐ	ⓑ	ⓒ	ⓓ					
14.	ⓐ	ⓑ	ⓒ	ⓓ	34.	ⓐ	ⓑ	ⓒ	ⓓ					
15.	ⓐ	ⓑ	ⓒ	ⓓ	35.	ⓐ	ⓑ	ⓒ	ⓓ					
16.	ⓐ	ⓑ	ⓒ	ⓓ	36.	ⓐ	ⓑ	ⓒ	ⓓ					
17.	ⓐ	ⓑ	ⓒ	ⓓ	37.	ⓐ	ⓑ	ⓒ	ⓓ					
18.	ⓐ	ⓑ	ⓒ	ⓓ	38.	ⓐ	ⓑ	ⓒ	ⓓ					
19.	ⓐ	ⓑ	ⓒ	ⓓ	39.	ⓐ	ⓑ	ⓒ	ⓓ					
20.	ⓐ	ⓑ	ⓒ	ⓓ	40.	ⓐ	ⓑ	ⓒ	ⓓ					

EXAMEN DE POST EVALUACIÓN

1. Tamara took a trip from Carson to Porterville, a distance of 110 miles. After she had driven the first 66 miles, she stopped for gas. What fraction of the trip remained?

a. $\dfrac{1}{5}$

b. $\dfrac{1}{4}$

c. $\dfrac{2}{5}$

d. $\dfrac{7}{10}$

2. Of the 35 students enrolled in a personal financial management course, 40% were men. How many of the students were women?

a. 12

b. 14

c. 18

d. 21

3. During a charity bake sale, $\dfrac{2}{3}$ of the cakes were sold by noon. Of the cakes that remained, $\dfrac{1}{2}$ sold by 3:00 P.M. If there were 11 cakes left at 3:00 P.M., how many cakes were there to begin with?

a. 44

b. 56

c. 66

d. 72

4. Name the fraction that indicates the shaded part of the figure below.

a. $\dfrac{2}{3}$

b. $\dfrac{2}{5}$

c. $\dfrac{2}{6}$

d. $\dfrac{1}{6}$

5. $5\dfrac{2}{9} + 1\dfrac{2}{3} =$

a. $5\dfrac{7}{9}$

b. $6\dfrac{8}{9}$

c. $6\dfrac{17}{18}$

d. $6\dfrac{1}{3}$

6. $\dfrac{14}{15} - \dfrac{2}{3} =$

a. $\dfrac{4}{15}$

b. $\dfrac{1}{3}$

c. $\dfrac{3}{10}$

d. $\dfrac{5}{12}$

7. What is 0.3738 rounded to the nearest hundredth?

a. 0.37

b. 0.374

c. 0.38

d. 0.4

8. $0.92 + 12 + 0.2847 =$

a. 12.94847

b. 13.2047

c. 13.247

d. 25.5254

9. $0.53 \times 1,000 =$

a. 5.3

b. 53

c. 530

d. 5,300

10. 0.185 is equal to what percent?

a. 185%

b. 18.5%

c. 1.85%

d. 0.0185%

11. 42 is 30% of what number?

a. 12.6

b. 72

c. 126

d. 140

12. Which is the largest number?

a. 0.12

b. 0.1

c. 0.21

d. 0.021

13. At the Hilltop Gas Station, the per-gallon price of gasoline for the month of February is as follows:

Week 1 - $1.22

Week 2 - $1.19

Week 3 - $1.18

Week 4 - $1.25

What is the average price for a gallon of gasoline for the month of February?

a. $1.19

b. $1.19 $\frac{1}{2}$

c. $1.21

d. $1.22

14. To earn money for a trip, the senior class is sponsoring a car wash. On average, it takes three students 5 minutes to wash one car. At this rate, how many cars can eighteen students wash in one hour?

a. 60

b. 72

c. 85

d. 90

15. 4 ft 2 in − 2 ft 11 in =

a. 1 ft 3 in

b. 1 ft 6 in

c. 1 ft 9 in

d. 2 ft 9 in

16. What is the length of a rectangle that has an area of 39 square feet and a width of 3 feet?

a. 7 feet

b. 9 feet

c. 12 feet

d. 13 feet

17. Which of the following is an acute angle?

a.

b.

c.

d.

18. $\frac{5}{8} \times \frac{3}{10} =$

a. $\frac{4}{9}$

b. $\frac{5}{6}$

c. $\frac{3}{16}$

d. $\frac{12}{25}$

19. Three inches is what fraction of one foot? (one foot = 12 inches)

a. $\frac{1}{6}$

b. $\frac{1}{4}$

c. $\frac{1}{3}$

d. $\frac{3}{8}$

20. Change $\frac{39}{8}$ into a mixed number.

a. $4\frac{5}{8}$

b. $4\frac{7}{8}$

c. $4\frac{15}{16}$

d. $5\frac{1}{8}$

21. Change $\frac{4}{5}$ to a decimal.

a. 0.8

b. 0.08

c. 0.45

d. 0.045

22. 3 × 0.0009 =

a. 0.00027

b. 0.0027

c. 0.027

d. 0.27

23. What is 17% of 25?

a. 3.95

b. 4.5

c. 4.15

d. 4.25

24. Convert $\frac{4}{7}$ to 35ths.

a. $\frac{12}{35}$

b. $\frac{13}{35}$

c. $\frac{15}{35}$

d. $\frac{20}{35}$

25. George spent $15.60 for dinner at a local restaurant. The amount included the meal plus a 20% tip. How much did the meal alone cost?

a. $12.48

b. $13.00

c. $13.40

d. $13.80

26. Which fraction is largest?

a. $\frac{5}{24}$

b. $\frac{1}{9}$

c. $\frac{1}{6}$

d. $\frac{5}{36}$

27. If a 28-inch length of twine is divided into 5 equal pieces, how long will each piece be?

a. $4\frac{9}{10}$ inches

b. $5\frac{1}{2}$ inches

c. $5\frac{3}{5}$ inches

d. $5\frac{4}{5}$ inches

28. If the area of a circular ballroom is 1,256 square feet, what is the diameter of the room?

a. 20 feet

b. 40 feet

c. 80 feet

d. 400 feet

29. Find the perimeter of the triangle below.

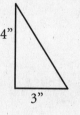

4"

3"

a. 5 in

b. 7 in

c. 12 in

d. 13 in

30. What is the decimal value of 3/5?

    a. 0.35

    b. 0.53

    c. 0.575

    d. 0.6

31. $9 - 1\dfrac{5}{9} =$

    a. $7\dfrac{4}{9}$

    b. $7\dfrac{2}{3}$

    c. $7\dfrac{8}{9}$

    d. $8\dfrac{4}{9}$

32. $3.1 - 0.267 =$

    a. 0.43

    b. 2.833

    c. 2.943

    d. 3.0733

33. 32% is equal to what fraction?

    a. $\dfrac{1}{3}$

    b. $\dfrac{2}{3}$

    c. $\dfrac{5}{12}$

    d. $\dfrac{8}{25}$

34. Vivian has read 58 pages of a 290-page book. What percent of the book has she read?

    a. 5%

    b. 18.5%

    c. 20%

    d. 22.5%

35. The average of three numbers is 73. If one of those numbers is 67 and another is 75, what is the third number?

    a. 72

    b. 73

    c. 76

    d. 77

36. $\dfrac{1}{6} \times \dfrac{3}{8} =$

    a. $\dfrac{1}{16}$

    b. $\dfrac{1}{8}$

    c. $\dfrac{4}{9}$

    d. $2\dfrac{1}{4}$

37. $15 \div (5 - 2) + 4 =$

    a. 2

    b. 5

    c. 9

    d. 13

38. $6 - 0.05 + 2.9 =$

a. 7.34

b. 8.4

c. 8.85

d. 9.95

39. Frieda divides a $10\frac{1}{2}$–ounce chocolate bar into 4 equal pieces. How many ounces is each piece?

a. $2\frac{1}{2}$ ounces

b. $2\frac{5}{8}$ ounces

c. $2\frac{3}{4}$ ounces

d. 3 ounces

40. Over a period of four weeks, Emilio spent a total of $453.80 on groceries. What is the average amount Emilio spent on groceries each week?

a. $109.44

b. $110.34

c. $112.20

d. $113.45

41. The population of a certain small town was 3,888 in 1990. In 1997, the population was 4,050. By what percent did the population rise?

a. 2.5%

b. 3%

c. 3.5%

d. 4%

42. 18 is what percent of 12?

a. 67%

b. 120%

c. 150%

d. 180%

43. The perimeter of a rectangular room is 52 feet. If the short side of the room is 12 feet, what is the length of long side of the room?

a. 14 feet

b. 16 feet

c. 28 feet

d. 30 feet

44. A jar contains 84 coins: 19 quarters, 30 dimes, 12 nickels, and 23 pennies. What is the probability of selecting either a nickel or a penny?

a. $\frac{2}{5}$

b. $\frac{3}{8}$

c. $\frac{5}{12}$

d. $\frac{11}{21}$

45. On March 1, the ratio of cats to dogs at the animal shelter was 7 to 2. If there are 27 cats and dogs at the shelter on March 1, how many of these animals are dogs?

a. 6

b. 7

c. 9

d. 14

46. What is the area of a right triangle with a base of 4 meters and a height of 6 meters?

   a. 10 square meters

   b. 12 square meters

   c. 20 square meters

   d. 24 square meters

47. For a family reunion, Nicole estimates that she will need to buy 1.5 gallons of fruit punch for every 10 people. If 78 people attend the reunion, how much fruit punch will Nicole need to buy?

   a. 5.2

   b. 8.3

   c. 10.9

   d. 11.7

48. $1/6 \times 9 \times 5/9 =$

   a. $\dfrac{5}{6}$

   b. $\dfrac{8}{9}$

   c. 1

   d. $1\dfrac{1}{6}$

49. Each week, Marvin puts 8% of his take-home pay into a savings account. If Marvin saves $22.80 each week, what is the amount of his weekly take-home pay?

   a. $182.40

   b. $209.76

   c. $268.00

   d. $285.00

50. The 27 students in Mr. Harris's fourth-grade class conducted a survey to determine the students' favorite colors. Eight students chose red as their favorite color; 7 chose green; 3 chose yellow. The remaining chose blue. What is the probability that a student's favorite color is blue?

   a. $\dfrac{1}{3}$

   b. $\dfrac{2}{3}$

   c. $\dfrac{5}{9}$

   d. $\dfrac{1}{4}$

RESPUESTAS

1. c. Lección 5
2. d. Lecciones 5, 16
3. c. Lección 15
4. c. Lección 1
5. b. Lección 3
6. a. Lección 3
7. a. Lección 6
8. b. Lección 7
9. c. Lección 8
10. b. Lección 9
11. d. Lección 11
12. c. Lección 6
13. c. Lección 13
14. b. Lección 15
15. a. Lección 20
16. d. Lección 19
17. a. Lección 17
18. c. Lección 4
19. b. Lección 1
20. b. Lección 1
21. a. Lección 6
22. b. Lección 8
23. d. Lección 10
24. d. Lección 2
25. b. Lección 16

26. a. Lección 2
27. c. Lección 5
28. b. Lección 19
29. c. Lección 18
30. d. Lección 2
31. a. Lección 3
32. b. Lección 7
33. d. Lección 9
34. c. Lección 10
35. d. Lección 13
36. a. Lección 4
37. c. Lección 20
38. c. Lección 7
39. b. Lección 5
40. d. Lecciones 8, 13
41. d. Lección 11
42. c. Lección 10
43. a. Lección 19
44. c. Lección 14
45. a. Lección 12
46. b. Lección 18
47. d. Lección 12
48. a. Lección 4
49. d. Lección 11
50. a. Lección 14

GLOSARIO DE TÉRMINOS

Cociente: La respuesta obtenida de una division. Ejemplo: 10 dividido entre 5 es 2; donde 2 es el cociente.

Denominador: El número inferior de una fracción. Ejemplo: 2 es el denominador en $\frac{1}{2}$.

Diferencia: La diferencia entre dos números significa sustraer un número del otro.

Divisible entre: Un número es divisible entre un segundo número si este segundo número divide igualmente al número original. Ejemplo: 10 es divisible entre 5 ($10 \div 5 = 2$, sin residuo). De todas maneras, 10 no es divisible entre 3 . (Ver múltiplos de)

Integrales: Un número sobre la línea de números enteros, como por ejemplo -3, -2, -1, 0, 1, 2, 3, y demás. Números integrales incluyen números enteros y sus respectivos negativos. (Ver números enteros)

Múltiplo de: Un número es múltiplo de un segundo número si este segundo número puede ser multiplicado por un integral para obtener el número original. Ejemplo: 10 es múltiplo de 5 ($10 = 5 \times 2$); de todos modos, 10 no es múltiplo de 3. (Ver Divisible entre)

Numerador: La parte superior de una fracción. Ejemplo: 1 es el numerador en $\frac{1}{2}$.

Número Integral Impar: Integrales que no son divisibles por 2, como por ejemplo -5, -3, -1, 1, 3, y demás.

Número Positivo: Un número que es mayor que cero, como por ejemplo 2, 42, $\frac{1}{2}$, 4.63.

Número Primo: Un integral que es divisible solo por 1 y por sí mismo, como por ejemplo 2, 3, 5, 7, 11, y demás. Todos los números primos son impares, excepto el 2. El número 1 no es considerado primo.

Número Negativo: Un número que es menor que cero, como por ejemplo -1, -18.6, $-\frac{1}{4}$.

Números Integrales Pares: Los números integrales que son divisibles por 2, como -4, -2, 0, 2, 4, y demás. (Ver Integrales)

Números Enteros: Números que usted puede contar con sus dedos, como por ejemplo, 1, 2, 3, y demás. Todos los números enteros son positivos.

Números Reales: Cualquier número que se le venga a la mente, como por ejemplo 17, -5, $\frac{1}{2}$, -23.6, 3.4329, 0. Números Reales incluyen los integrales, las fracciones y los decimales. (Ver Integrales)

Producto: La respuesta a un problema de multiplicación.

Residuo: El número que sobra despues de una división. Ejemplo: 11 dividido entre 2 es 5, con un residuo de 1.

Suma: La suma de dos números significa que ambos números han sido sumados conjuntamente.

A · P · É · N · D · I · C · E

PREPARÁNDOSE PARA UN EXAMEN DE MATEMÁTICAS

Prepararse efectivamente para un examen de matemáticas requiere dedicación y poder desarrollar estrategias apropiadas para tomar el examen. Si usted ha podido llegar hasta este punto, su preparación para un examen está ya muy bien encaminada. Sólo hay algunos detalles que usted debe saber antes de tomar un prueba de matemáticas. Este apéndice también le provee con algunas estrategias básicas que las puede usar el día del examen.

PREPARACIÓN PARA EL EXAMEN

"¡Estar preparado!" no solo es el himno de los *boy scouts*. Tendría que ser el himno de todos los que estan muy cerca de tomar un examen.

Familiarícese con el examen y practíquelo

Si existen ejemplos disponibles de exámenes anteriores, practíquelos y mida su tiempo, como si realmente estuviera tomando el examen y bajo las mismas circunstancias. Esta clase de ejercicio le ayudará a medir su tiempo mucho mejor que a la hora de tomar el examen. Lea y trate de entender lo que todas las direcciones le piden por adelantado, así no perderá el tiempo durante el examen. Seguidamente, evalúe los resultados de la prueba con alguien que realmente entienda matemáticas. Revise las secciones pertinentes de este libro para reforzar algun concepto con el que este teniendo problemas.

Establezca un puntaje como meta

Averigue cuál es el puntaje que necesita para pasar el examen y cuántas preguntas va a necesitar contestar correctamente para lograr ese puntaje. Durante las seciones de práctica y el examen en sí, enfóquese en este puntaje para poder seguir adelante e ir respondiendo las preguntas una por una.

ESTRATEGIAS MATEMÁTICAS

Trate de resolver una pregunta matemática poco a poco

¿Recuerda los pasos para resolver problemas que usted aprendió en la Lección 15, cuando empezó a trabajar con los problemas escritos? ¡Sígalos para contestar todo tipo de preguntas de matemáticas! Más importante aún, a medida que vaya leyendo una pregunta, subraye la información que es más importante y tome breves apuntes. No espere hacer esto al final de la pregunta ya que para ese entonces quizás necesite leer la pregunta una vez más. Tome notas mientras lee. Sus notas pueden ser en la forma de una ecuación matemática, una figura que le ayude a visualizar lo que está leyendo o anotaciones en un diagrama existente. Inclusive pueden ser notas comunes que usted las haga en su propio método.

Uno de los más grandes errores que cometen los que estan tomando un examen radica en que leen una pregunta muy rápidamente—y por lo tanto la mal interpretan, no la entienden o sólo la comprenden a medias. Disminuir la velocidad de lectura lo suficiente para leer cuidadosamente una pregunta o tomar apuntes lo convierten en un lector activo que está muy lejos de cometer los mismos errores.

No trate de resolver nada mentalmente

Una vez que usted haya formulado un plan para resolver las preguntas, ¡úselo! Pero no resuelva ningún problema en su cabeza. Resolver problemas mentalmente es otro problema muy común que ocasiona errores por descuido. Además, el mapa mental que se traza puede no ser muy constante. Use un cuaderno o una hoja borrador para escribir cada paso de la respuesta revisando constantemente cada paso mientras continua resolviendo el problema.

Use estrategias alternativas

Si usted no puede determinar como resolver un problema, trate una de las estrategias alternativas que aprendió en la Lección 16, "Estrategias alternativas para resolver problemas escritos". Si esas estrategias no funcionan, temporalmente salte a otra pregunta y encierre en un círculo la que no pudo contestar para que de esa manera pueda regresar a ella más tarde, si es que tiene tiempo.

Revise su trabajo despues de haber obtenido una respuesta

Revisar su trabajo no solo significa ver los pasos que tomó para resolver la pregunta. Las posibilidades son, que si usted cometió un error, no lo podrá encontrar de esta manera. Continuamente las lecciones de este texto han puesto énfasis en la revisión de su trabajo. ¡Use esas técnicas! Una de las más eficientes maneras de revisar su trabajo es remplazar el resultado obtenido directamente en la pregunta para ver si todo funciona bien. Cuando eso no se puede hacer, trate de contestar la pregunta nuevamente usando un método diferente. No se preocupe mucho que no lo quede mucho tiempo al revisar sus respuestas. Con el método de segundo paso, *2 pass,* usted debería tener tiempo suficiente para contestar todas las preguntas que le son posibles resolver.

Haga un aproximación

Si usted no puede desarrollar un plan de ataque o no puede usar una estrategia alternativa, haga una aproximación. Usando el sentido común, elimine las posibles respuestas que se vean muy grandes o muy pequeñas. También puede aproximar la respuesta basándose en los hechos que la pregunta presenta y luego seleccione la respuesta que más se acerca a lo que usted aproximó.